U0221378

国防科技图书出版基金

可信的航天嵌入式控制软件开发技术

Development Technology for Dependable Space Embedded Control Software

杨孟飞　顾　斌　郭向英　等著

国防工业出版社

·北京·

图书在版编目(CIP)数据

可信的航天嵌入式控制软件开发技术/杨孟飞等著.
—北京:国防工业出版社,2017.12
ISBN 978 – 7 – 118 – 11266 – 5

Ⅰ.①可… Ⅱ.①杨… Ⅲ.①航天—应用软件—软件
—开发 Ⅳ.①V57 – 39

中国版本图书馆 CIP 数据核字(2017)第 136730 号

※

国防工业出版社出版发行
(北京市海淀区紫竹院南路23号 邮政编码100048)
三河市腾飞印务有限公司印刷
新华书店经售

*

开本 710×1000 1/16 印张 12 字数 477 千字
2017 年 12 月第 1 版第 1 次印刷 印数 1—2000 册 定价 62.00 元

(本书如有印装错误,我社负责调换)

国防书店:(010)88540777   发行邮购:(010)88540776
发行传真:(010)88540755   发行业务:(010)88540717

致 读 者

本书由中央军委装备发展部**国防科技图书出版基金**资助出版。

为了促进国防科技和武器装备发展，加强社会主义物质文明和精神文明建设，培养优秀科技人才，确保国防科技优秀图书的出版，原国防科工委于 1988 年初决定每年拨出专款，设立国防科技图书出版基金，成立评审委员会，扶持、审定出版国防科技优秀图书。这是一项具有深远意义的创举。

国防科技图书出版基金资助的对象是：

1. 在国防科学技术领域中，学术水平高，内容有创见，在学科上居领先地位的基础科学理论图书；在工程技术理论方面有突破的应用科学专著。

2. 学术思想新颖，内容具体、实用，对国防科技和武器装备发展具有较大推动作用的专著；密切结合国防现代化和武器装备现代化需要的高新技术内容的专著。

3. 有重要发展前景和有重大开拓使用价值，密切结合国防现代化和武器装备现代化需要的新工艺、新材料内容的专著。

4. 填补目前我国科技领域空白并具有军事应用前景的薄弱学科和边缘学科的科技图书。

国防科技图书出版基金评审委员会在中央军委装备发展部的领导下开展工作，负责掌握出版基金的使用方向，评审受理的图书选题，决定资助的图书选题和资助金额，以及决定中断或取消资助等。经评审给予资助的图书，由中央军委装备发展部国防工业出版社出版发行。

国防科技和武器装备发展已经取得了举世瞩目的成就，国防科技图书承担着记载和弘扬这些成就，积累和传播科技知识的使命。开展好评审工作，使有限的基金发挥出巨大的效能，需要不断摸索、认真总结和及时改进，更需要国防科技和武器装备建设战线广大科技工作者、专家、教授，以及社会各界朋友的热情支持。

让我们携起手来，为祖国昌盛、科技腾飞、出版繁荣而共同奋斗！

国防科技图书出版基金

评审委员会

PREFACE | 前言

随着我国航天事业的快速发展,软件在航天器中的作用和地位越来越突出,已成为航天型号产品的重要组成部分,是确保型号任务成功的重要因素。航天嵌入式软件是典型的安全关键软件,其质量的好坏直接影响任务的成败。几十年来,为了提高软件质量,我国航天软件工作者在许多层面积极开展工作,有效地保证了软件的质量,使航天任务取得圆满成功。尽管如此,软件中的一些深层次问题并没有得到解决,因软件缺陷导致航天器发射推迟、影响正常使用的情况也经常发生,目前的研制方法对人的能力、经验依赖较大。此外,国家空间技术的发展需求对软件提出了质量更高、效率更快、周期更短的需求,因此,深入研究航天嵌入式软件中的可信问题以及支撑软件研制全生命周期的软件可信性保障技术,是摆在我们面前的一项十分迫切的任务。

根据国家空间技术发展的需求,尤其是国家重大科技专项的要求,结合当前我国航天嵌入式软件研制能力和软件质量面临的形势,在国家自然科学基金重大计划"可信软件基础研究"的支持下,经过10余年的研究,在可信保障技术体系、需求建模与验证、程序实现正确性保障、嵌入式软件形式化验证以及可信保障集成环境等方面取得了一系列成果,本书是部分成果的提炼,也是工作经验的总结。

全书共5章:第1章对嵌入式软件可信保障技术体系进行论述,从嵌入式软件研制中的关键可信问题出发,介绍基于可信保障五维体系结构模型的技术体系,为解决嵌入式软件可信问题建立整体框架,并以动态时序正确性保障为例介绍技术体系在工程中的应用;第2章针对软件需求建模与验证这一关键问题,介绍一种基于航天控制软件需求描述语言的需求建模、验证方法;第3章面向程序实现问题,从缺陷预防和缺陷检测两个方面介绍一系列程序实现正确性保障技术;第4章介绍嵌入式软件形式化验证的常用方法,并给出航天嵌入式软件研制中的应用实例;第5章探讨嵌入式软件可信保障集成环境的构建方法和关键技术,介绍一种航天嵌入式软件可信保障集成环境的具体实现和工程应用。

　　本书参与撰写人员包括杨孟飞、顾斌、郭向英、董晓刚、乔磊、赵雷、王政、陈睿、陈尧、綦艳霞、王磊、李声涛、谭彦亮、陈立前、蒲戈光等。全书由杨孟飞负责审校定稿。特别感谢国家自然科学基金委"可信软件基础研究"重大研究计划的支持和专家组的指导。

　　由于时间仓促,书中难免有谬误之处,恳请广大读者批评指正。

作者

2017.9

目　录

Contents

第1章
嵌入式软件可信性保障技术体系

软件可信性是一个内涵广泛的概念,可信是指系统提供可信赖服务的能力。可信性是正确性、可靠性、安全性、可用性、可维护性、完整性等属性的集合,是在传统的可靠、安全等概念基础上发展起来的一个学术概念。一般认为,可信性是指一个实体在实现给定目标时其行为及其结果是可以预期的,它强调目标与实现相符以及行为和结果的可预测性及可控制性。软件的可信性是指软件系统的动态行为及其结果总是符合人们的预期,在受到干扰时仍能提供连续的服务。

并不存在一种单独的技术或方法能够完全保证软件可信性,单纯依靠经验,在软件中采取一些局部的可靠性措施是一种简单的、不完善的方法,单独解决一两个方面的问题也并不能保证软件的可信性。只有在软件生命周期的各个阶段综合采用各种方法或技术去预防、避免、消除、预测导致软件不可信的各种因素,即建立一套软件可信性保障技术体系,软件的可信性才有可能得到保障。

1.1 航天嵌入式控制系统的组成和特点

航天器进入太空后按照预定计划沿一定的轨道飞行,按任务要求使其采取不同姿态,或使其有关载荷指向所要求的方向。为了达到和保持这样的轨道与姿态指向,就需要进行轨道控制和姿态控制。

负责实现航天器这一功能的是控制系统,即姿态轨道控制系统。由于航天器控制系统具有制导导航和控制功能,因此又称为制导导航和控制系统。

航天器控制系统由敏感器(测量部件)、控制计算机和执行部件(执行机构)三部分组成(图1-1)。这三部分通常都是嵌入式系统,即以应用为中心、以计算机技术为基础,在实际应用中对功能、可靠性、成本、体积、功耗等有严格要求的专用计算机系统。但是,除了具有这些嵌入式系统普遍具有的特点外,航天器嵌入式控制系统还有如下特点:

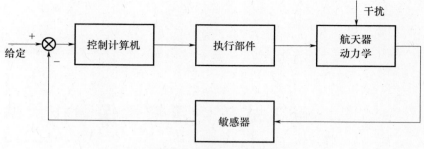

图 1-1　航天器控制系统

（1）强实时。实时系统通常分为软实时系统和硬实时系统。软实时系统仅要求事件响应是实时的，并不要求限定某一任务必须在多长时间内完成；而在硬实时系统中，不仅要求任务响应要实时，而且要求在规定的时间内完成事件的处理。航天器控制系统是两者的结合，系统中同时存在各种周期、随机（偶发）的时间或事件触发的请求和指令，控制系统对外的所有交互往往都有严格的时间约束。

在深空探测任务中，实时性问题变得更为突出。以火星为例，火星着陆时，火星探测器从 130 多千米的高空进入火星大气，完成进入、开伞、动力减速等着陆过程，时间只有 10min 左右，这些过程时序要求严格，并具有不可逆性，因此实时性问题已成为深空探测任务能否顺利实施的条件之一，较大的实时性约束要求深空探测器必须具有自主识别、自主导航和自主控制的能力才行。

（2）环境恶劣。航天器发射时要经受严重的过载、振动、噪声和冲击，入轨后要在高真空、强辐射、微重力、高低温的环境中运行几个月、几年甚至十几年。特别是宇宙中高能粒子射入半导体器件灵敏区后会使器件逻辑状态改变的单粒子翻转（SEU）：原来存储的"0"变为"1"，或者"1"变为"0"，从而导致系统功能紊乱，严重时会发生灾难性事故。单粒子翻转造成的器件错误属于"软错误"，即通过系统复位、重新加电或重新写入后系统能够恢复到正常状态。航天器抗单粒子效应设计的途径之一是采用检错纠错码技术，即通过软件或硬件设计，发现单粒子翻转错误并纠正它，使之不会对航天器系统造成进一步更严重乃至致命的错误。恶劣的空间环境对软件的鲁棒性和容错能力提出了非常高的要求。

（3）维护困难。航天器发射后软件仍然可能存在缺陷，无论是硬件还是系统控制方案，在轨都有可能会出现一些在地面未曾考虑到的情况，系统需要增加新的功能或修改原有的功能，硬件的修改已经不可能，只能通过软件进行弥补。与发射前的地面维护相比，在轨维护更困难，因为这时的维护通常只能在有限的测控弧段通过有限的指令来进行。

（4）数值计算多，精度要求高。为了对航天器的姿态和轨道进行控制，控制系统除了实时采集各种敏感器的测量数据外,还进行大量的控制律计算。被零除、溢出、大数加小数等程序错误在航天嵌入式软件中时有发生。计算机上浮点计算的误差分析控制、算法稳定性研究已经成为数值计算研究中最基础部分,同时设计能可靠执行浮点计算的程序已经成为软件设计方法的一个重要组成部分。

(5)接口多。航天器控制系统的功能源于各个分系统,以及子系统或设备部件之间的相互作用、限制和支持,因此与外界需要通过各种 I/O 口和总线如1553B、控制局域网络(Control Aera Network,CAN)等和外部设备进行大量交互,具有分布异构、协议复杂等特征。

(6)资源受限。由于空间恶劣的辐射环境,地面上所使用的普通芯片并不能在空间使用,必须经过特殊的加固措施才能使用,否则一旦上天便可能会受高能射线、粒子影响出现故障导致无法运转。另外,由于现阶段运载的能力也有限,航天器的体积、质量都受到限制,这些约束也导致控制系统中处理器的速度和存储器的容量受限。

1.2 航天嵌入式控制软件中的可信问题

嵌入式系统的运行涉及系统的硬件、软件和环境。与外部连续变化的物理环境不断交互和在特定的物理平台上运行是嵌入式系统的两个重要特征。根据嵌入式软件的这些特征,通过对航天型号软件第三方评测和航天器总装集成及测试(Assembly Integration Test,AIT)阶段发生的问题进行分析,影响航天嵌入式控制软件可信性的问题可归纳为如下 10 个方面。

1.2.1 实时性问题

对安全关键实时系统来说,实时性就是一切。实时系统的正确性不仅依赖于计算结果的正确性,而且依赖于输出结果的时间。

航天器控制系统是典型的实时嵌入式系统,系统行为中存在大量的实时约束。在一个确定的时间内,它必须对外部产生的事件做出响应,并在规定的时间完成这种响应及处理。在这个系统中,作为系统核心的控制软件一方面要和下位机通信,另一方面要及时响应来自上位机的各种注入和指令。控制计算机、下位机和上位机之间采用相同或不同的中央处理器(CPU)及编程语言,彼此之间通过各种串口、并口或总线,采用中断或查询方式进行通信。控制软件在这样一个集中和分布、同构和异构、同步和异步、顺序和并发、离散和连续并存的系统中运行,其实时性问题十分复杂。由于实时性又与任务执行时间和执行顺序有关,因此又称为时序问题。

1.2.2　内存使用问题

嵌入式软件在本质上都是基于物理模型的,因此不可避免地会使用数组、指针,结构体、联合体等数据结构,数组越界、指针的非法使用问题时有发生。在嵌入式软件中通常会存在一些与指针相关的运行时错误,如空指针引用、指针变量未初始化、非法地址访问、内存泄漏和重复释放等。此外,嵌入式软件一般采用堆栈的内存分配与使用模型,但是堆栈资源有限,若程序超出了预先分配的堆栈,还容易出现堆栈溢出。

1.2.3　数据使用问题

嵌入式软件中数据的种类和数量很多,对数据类型定义、数据的完整性和一致性等有严格要求。但是,在实际中有时出现变量未初始化、除零错、算术溢出、变量取值超出指定范围等数据使用问题;同时,中断或多线程机制带来的并发还可能导致数据竞争、数据访问原子性违反等问题。

1.2.4　计算问题

计算机本身存在局限性,特别是在处理以浮点数表示的数据方面,由于受到选用的浮点系统精度的限制,大部分实数都无法被计算机精确存储(舍去了若干位有效数字),而这些不精确的存储将会影响计算结果。此外,在浮点表达实数的计算中,新的误差也会随着一步步的中间运算不断产生。迭代、大数与小数相加或相除等都直接影响运算结果精度,尤其在进行指数运算时,最开始的误差经过运算后得到的结果可能完全偏离正确结果,从而导致灾难性的错误。

1.2.5　协议正确性问题

嵌入式软件运行时要与外部环境进行交互,软件的运行结果依赖于从外部获得的各种数据和指令,软件必须能够及时发送和接收数据,并具有较强的容错能力和抗干扰能力。通信协议主要用于规定各种数据的传输规则,对发送和接收之间进行同步的协调,确保发送和接收的正确性和一致性。如果缺少一个严格、合理、规范的串口通信协议,就无法保证数据传输的正确性及通信的可靠性。

1.2.6　状态转换问题

计算机控制系统实际上是一种离散系统,它通过执行程序实现控制功能,控制程序由若干功能模块和分支组成,程序的执行实际上是依据不同的条件在这些程序分支和模块间的转移,具有有限状态机的特征。航天嵌入式控制软件就是这样的一种系统,它通常由若干飞行模式(或状态)组成,根据各种条件、时间或地面指令等进行转换。常见的状态转换问题包括状态的转换条件(进入或退出条件)存在冲突、遗漏和死锁,存在不可达分支等。

1.2.7　故障处理问题

嵌入式软件的输入和输出充满了不确定性,对航天嵌入式软件来说,严酷的空间环境还可能会改变其运行状态。各种容错、纠错和检错技术,故障的诊断隔离与恢复(Fault Detection Isolation and Recovery, FDIR)技术以及健康管理和运行时监控技术等可缓解这种不确定性带来的风险,但不安全状态的存在始终危害着软件提供服务的能力。系统正常行为和异常行为的刻画、异常行为的传播与控制等是正确进行故障处理的关键。

1.2.8　编译等价性问题

高级程序设计语言或计算机汇编语言书写的源程序,一般要经过编译程序将其翻译成等价的机器语言格式目标程序。编译程序的实现算法较为复杂。这是因为它所翻译的语句与目标语言的指令不是一一对应关系,而是一对多的关系;同时它要处理递归调用、动态存储分配、多种数据类型以及语句间的紧密依赖关系。正是由于编译过程的复杂性,编译本身也会引入错误,编译不能保证源程序和目标程序的等价性。

1.2.9　编码问题

嵌入式系统普遍采用 C 语言和汇编语言编程,与汇编语言相比,C 语言在可移植性、复用性、维护性和可读性方面更受工程师喜爱,因而获得更广泛应用;但其灵活的编程方式和语法规则对工程师来说也存在使用上的陷阱。C 语言在其定义和实现方面存在许多不安全性,如其弱类型机制将导致程序中不同类型的隐式转换、数组越界、指针非法引用等安全问题。此外,在程序跳转、过程调用、循环控制、类型转换、比较判断、运算处理、初始化等方面,由于对 C 语言规范的不完全了解导致的程序问题也非常多。

1.2.10　各阶段一致性问题

软件研制各阶段一致性问题是航天嵌入式软件中最为突出的问题之一,主要体现在需求与输入要求的一致性、设计与需求的一致性、实现与设计的一致性以及目标码和源代码的一致性等方面,如果一致性不能得到保障,可信性就无法在各阶段间正确传递。

软件的开发过程本质上是基于文档的,自然语言的文档只能由人阅读和理解,从非严格的需求和设计到复杂的最终程序,跨越距离大,使人难以评判它与需求的关系。此外,从源程序到最终运行的目标程序,中间还要经过编译,如何保证各阶段的一致性是一个巨大的挑战,测试发现问题的能力有限,不能成为评判标准。

上述 10 个方面的问题具有共性,在航空、轨道交通、汽车电子等安全关键领域也存在,但不同的领域关注的重点可能不同,问题的表现形式也可能有所不同。本质上这些问题反映的是影响一个嵌入式系统不确定性的各种因素,如通信协议的正确性和时序正确性反映的是如何处理连续变化的物理世界的各种不确定性,编码问题、内存使用问题反映的是如何处理软件内部的各种不确定性等。

1.3　可信保障五维体系结构模型

航天型号软件按照需求分析、设计、编码、测试和验收交付等过程进行开发。软件需求分析描述软件要“做什么”,设计解决“怎么做”的问题。软件编码阶段的主要任务是依据详细设计,用指定的编程语言对软件进行编程、调试、静态分析、代码审查和单元测试。测试阶段的主要任务是验证软件是否满足软件研制任务书、软件需求规格说明和软件设计所规定的技术要求。软件的可信性保障应贯穿于上述软件研制的各个阶段。

软件研制的各个阶段所涉及的工作内容不同,软件可信问题在不同研制阶段也呈现出不同的要求,有的可信问题在各个阶段均需关注,有的可信问题只对应于几个阶段。同样,对于研制阶段,有的阶段涉及所有可信问题,有的阶段仅涉及部分可信问题。经过分析,研制阶段与可信问题关系矩阵如表 1 - 1 所列。

表 1-1　研制阶段与可信问题关系矩阵

可信问题	需求分析	设计	编码	测试
实时性问题	√	√	√	√
内存使用问题		√	√	√
数据使用问题	√	√		√
计算问题	√	√	√	√
协议正确性问题	√	√	√	√
状态转换问题	√	√	√	√
故障处理问题	√	√		√
编译等价性问题			√	√
编码问题			√	√
各阶段一致性问题	√	√	√	√

　　在上面工作的基础上,进一步识别出在软件研制各阶段的可信保障问题的要素(或子要素),然后针对每个要素,研究相应的理论、方法,研制相应的工具,制定相应的规范、标准或指南。

　　可信要素回答做什么的问题,即解决这个问题要从哪些方面做工作,做些什么,要关注些什么。理论、方法、技术或工具回答怎么做的问题,即每个要素可用什么方法去解决,度量回答是否做到位,即做得好坏的问题。软件可信性保障技术体系是包括可信问题(要素、子要素)、阶段、方法、工具(含标准、规范、指南)和度量的五维体系结构(图 1-2)。

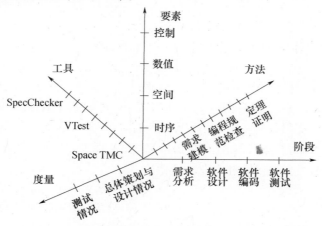

图 1-2　基于可信要素的可信性保障五维体系结构模型

可信要素是保障技术体系的核心,是软件可信性保障的基本工作单元,针对前面提出的可信问题,要素给出了软件产品研制各阶段中需开展的基本工程活动,它表征了主要工作内容和工作项目,子要素表述了各个工作项目需要细化的要点,是要素的展开和细化,是为落实各要素而确定的基本工作要点,也是可信保障的核心对象,所有的可信保障活动均应根据(子)要素展开实施。

1.4 实例:时序保障问题分析

为更清楚地理解可信保障技术体系,本节以时序正确性保障为例进行说明。时序问题是嵌入式系统中最常见,也最复杂的问题之一。系统行为的可预测性是嵌入式软件可信性保障的重要目标之一,即系统的所有行为的执行时刻、执行时间(上界/下界/最坏、最好、平均)、执行顺序都应是确定的或可预测的。根据五维体系结构模型,可按如下方法对该问题进行保障。

1.4.1 需求分析阶段的保障

需求分析首先要分析所有与时间相关的需求,并严格地描述每一条需求准确识别系统中实时性的各种影响因素。需求要正确、无歧义、完整、一致、可验证、可修改、可跟踪。应尽量使用形式语言、控制流图、数据流图和状态转移图等图形符号。

实时性问题应从需求分析阶段就开始预防,完全依靠测试是不可取,也是解决不了的。在软件研制过程中问题发现和解决得越早,解决问题付出的代价也越小。实时性分析在软件研制的各个阶段都应进行,应是一个不断迭代和深入的过程。

需要考虑的影响因素包括物理环境、中断使用和通信过程等。

1)物理环境

嵌入式软件要通过各种接口(串口、并口等)或总线(CAN、1553B 等)采集物理世界中的信号或数据,向它们发出控制指令等,系统中的各种干扰(如电源、地线等)、恶劣的运行环境(如高/低温、辐射等)以及设备的失效都会使输入出现噪声、抖动、延迟及各种不可预知的形式;处理器、存储器和各种器件的速度、功耗等因素也会直接影响软件的运行。

应考虑如下两个方面的物理环境:

(1)运行环境:来自于空间环境或硬件环境的各种干扰可能导致软件运行行为的不确定性。

(2)执行平台:目标机 Cache、Pipeline 等机制,先入先出队列(FIFO)等,初始加电、主备份切换、断电再加电过程等的使用可能导致软件运行行为的不确定性。

可从如下六个方面分析物理环境的影响，即可把物理环境要素进一步分解为若干子要素：

（1）时钟频率：时钟频率直接决定系统运行的快慢。

（2）存储器的种类、容量：CPU 对各种存储器的访问速度是不同的，内部随机存储器（Random Access Memory，RAM）的访问速度比外部 RAM 快。

（3）总线传输速率：从请求查询到响应所允许的最快、最慢或平均响应时间。

（4）接口通信速率：芯片类型、通信方式、波特率、字符宽度和间隔、数据长度和传输时间。

（5）定时器：处理器内部定时器或外部定时器类型、当量、计时长度及工作方式等。

（6）模/数（A/D）转换：转换速率、转换时间。地址选通到启动转换之间应延时多长时间、启动转换到数据稳定读取之间应延时多长时间。

2）中断使用

中断是嵌入式系统的重要组成部分，也是其实时性影响的主要因素之一。实时系统中经常采用中断方式接收和处理来自外部设备的各种随机或周期信号，并对需要及时响应的事件采用中断方式处理。随时发生的中断使软件运行时序更为复杂，特别是当系统中有多级中断时更是如此。

要正确使用中断，必须要了解中断响应过程。不同的处理器中断响应过程是不同的，以 80C86 对可屏蔽中断举例，首先从中断控制器芯片中读取中断向量号，然后将标志寄存器压栈、复位标志寄存器中的 IF 和 TF 位，最后根据中断向量号查找中断向量表，根据中断服务程序的首址转移到中断服务程序执行。

常见的中断使用问题包括中断处理时间过长、中断开关时机不对、中断引起通信异常、中断引起数据竞争、中断引起数据完整性破坏等。可从以下五个方面分析中断产生的影响：

（1）中断的分配：包括内部中断和外部中断的功能、中断的优先级顺序、中断的触发方式（边沿触发、电平触发）、可屏蔽中断和不可屏蔽中断。

（2）中断嵌套：如允许中断嵌套，可定义中断优先级，允许高优先级的中断打断低优先级中断的处理过程；如不允许中断嵌套，则可在处理一个中断时禁止再发生中断。非嵌套中断处理方式使中断能够按发生顺序进行处理。但由于不考虑优先级，因此高优先级中断不能得到及时处理，甚至会导致中断丢失。

（3）中断的开关：是否需要开或关闭中断，还是 CPU 自动处理。

（4）中断的时间特性：中断的触发方式是周期还是随机，是频繁还是偶发等。

（5）未使用中断的处理：未使用中断可设置为陷阱。

3）通信过程

嵌入式软件与外部环境进行交互的过程中经常会受到各种干扰。当系统中存在中断时，要分析中断对通信过程的影响，如数据采集以及指令输出、总线通信过程是否会被中断等，中断时间是否会超过数据传输间隔时间等。软件中通常应采取延时等待、多次判读、数据剔野滤波、超时退出、冗余备份等方法处理这种不稳定性问题。

1.4.2　设计阶段的保障

设计阶段需要考虑的影响因素包括：

1. 体系结构设计

为满足嵌入式系统的实时性需求，通常主要采用如下两种体系结构：

（1）主程序查询处理或主程序＋中断。主程序查询处理由于主程序轮循周期导致实时性稍差使用较少，目前主要使用主程序＋中断，即主程序采用无限循环，在周期性中断、定时器中断或 1553B/CAN 总线等中断中响应、处理各种事件。

（2）实时操作系统任务调度。操作系统采用某种调度策略，可以是固定优先级调度或者是基于优先级抢占时间片轮转的调度策略，亦或其他调度方式。应用软件可分解为不同的任务被调度，强实时事件在中断中直接处理（不需操作系统参与），系统的实时性问题转化为操作系统的可调度性分析问题，即每个任务的执行是否能在其截止期限内完成，当系统中任务较多时，任务和任务之间、任务和中断之间、任务和硬件资源之间的各种时序关系变得更加复杂。

2. 软件功能分配和时间、时序设计

（1）功能分配。按照自顶向下、抽象求精和模块化的原则和过程将软件需求中确定的各项软件功能逐层分解为一个个软件部件，每个部件的设计应符合性能需求、接口需求等非功能需求。按信息隐藏和局部化（一个模块内包含的信息（过程和数据）对于不需要这些信息的模块来说，是不可访问的）、高内聚低耦合（模块独立性比较强）、深度宽度扇出扇入适当的原则设计模块。

（2）时间分配和时序设计。嵌入式软件中的各个功能模块应预先进行时间分配和时序设计，然后采用建模分析验证技术对软件的实时性需求进行验证，如存在问题，应重新分配直到满足要求为止。正确的时间分配和时序设计是实时性保障的基础。

1.4.3　编码阶段的保障

嵌入式系统的实时性问题主要在分析、设计阶段解决,编码作为一种加工实现,对实时性并没有显示的影响,编码阶段要注意以下两个方面的问题。

1. 代码效率

编写正确可靠、清晰可维护的代码是程序设计师的主要目标,在此前提下应尽量提高程序执行的效率。提高 C 程序的代码效率有很多方法,如:使用寄存器变量、Switch 语句中根据发生频率来进行 case 排序,把最可能发生的情况放在第一位,最不可能的情况放在最后;在多重循环中,将最长的循环放在最内层,最短的循环放在最外层,以减少 CPU 跨循环层执行的次数等。

2. 安全规则

当程序规模较大或结构较复杂时,现有的程序静态分析技术尚无法支持。是否按安全规则编程对程序的时序没有显示影响,但对程序的实时性分析会有影响。

1.4.4　测试阶段的保障

如何测试和验证需求中的各种实时性需求是否得到满足?测试系统的实时性行为方法、技术和工具目前都非常缺乏。

针对需求分析中确定的各种实时性需求应逐条给出验证的时机,重点梳理出各阶段的可验证项目和不可验证项目,结合时序验证项目清单,形成时序验证项目覆盖表。

为保证时序验证对象的真实性和验证的有效性,测试要覆盖全面,测试环境要尽可能真实(目标机等),并尽量采用非干涉性的测试方法(插装影响被测系统的实时性,因此即使得到性能数据也是不准确的)。除进行功能测试和性能测试外,针对系统的实时性需求,还应进行强度测试、边界测试和余量测试。

(1)强度测试:在预先规定的一段时间内,软件设计的极限状态下,进一步在超出设计能力的状态时,测试软件的所有功能。如系统中设计有中断,要想法增加中断发生的频率,从而提高中断打断的概率。

(2)边界测试:测试软件在输入域(或输出域)、数据结构、状态转换、过程参数、功能界限等的边界或断点情况下的运行状态。

(3)余量测试:输入和输出及处理时间的余量、周期中断执行时间余量。

实时性能的测试用例设计除常规的测试项目外,特别重要的是通过改变输入的时刻、时间、先后顺序和间隔来生成测试用例,如加快指令(如遥测、遥控)

的频率、加快或拉长事件连续发生的间隔、改变两个不同事件的先后顺序、模拟各种事件同时发生、数据传输量超过设计允许的最大值、长时间(保持在极限状态下)运行等。尽管如此,在一个中断驱动的系统中,由于中断发生的随机性以及多级中断组合状态的多样性,这样一个系统的测试很难覆盖全部状态空间。

一般而言,对于时序的测试至少应包含如下的项目:

(1) 信息采集时序测试。

(2) 控制命令发送时序测试。

(3) 各种接口或总线形式的时序测试。

(4) 中断处理时序测试。

(5) 上电、复位与切机时序测试。

(6) 多处理器时序测试。

(7) 与其他分系统时序测试。

1.4.5 方法、技术和工具

1. 同步时序设计

1) 同步需求的分类

航天器控制系统是实时控制系统,在多个任务执行体之间进行协调一致工作的系统需求均为同步需求。为满足系统同步需求,在控制分系统中进行同步设计,是因为在本质上控制分系统所属的若干个任务执行体均为异步工作的,必须在多个任务执行体之间设计软件或硬件的同步机制,才能满足系统的同步功能和性能要求。

系统同步需求可以按照基准分类,包括时间、事件和数据。

(1) 以时间为基准的同步需求通常以一个连续稳定的硬件时钟信号在任务执行体之间进行协调。

(2) 以事件为基准的同步需求通常以一个硬件脉冲沿(如中断信号、门控信号等)或软件变量(标志量或信号量)在任务执行体之间进行协调。

(3) 以数据为基准的同步需求通常以所传递数据的标记(结束符、时间戳、比对数据组、姿态标记等)在任务执行体之间进行协调。

2) 同步需求的实现

相对简单的同步需求既可以单用同步时序实现,也可以单用异步时序实现。

如仅通过总线广播的绝对时间校时数据指令是单用异步时序实现。接收端在收到校时数据指令后更改自己的时间码。这种方式包含许多延时环节,例如发送端发送时刻与时间码标记时刻的延时、传输延时、接收端响应延时以及解包处理延时等。因此,异步方式的校时虽然解决的是两端时钟(起点和频率)的不匹配,但容忍度要求不高,而且两次校时指令之间的时间跨度可以较大。

协调两个软件任务之间的工作顺序可以用动作同步时序实现。此时,只需动作顺序在前的任务在动作完成后释放一个同步事件(消息、信号量或数据标志)即可,规定动作顺序在后的任务在接到同步事件后才可以继续工作。根据两个动作之间的接续时间的紧密程度,可以设计动作顺序在后的任务的响应时间,但总存在延时,最短的延时时间就是任务上下文切换时间。

为满足同步需求,实现时经常使用同步时序与异步时序的组合实现,主要为同步 + 同步组合以及同步 + 异步组合,同时要对组合时序之间的同步制定措施。

航天器控制系统的同步需求如果发生在两个或多个智能运算单元(中央处理器(CPU)、现场可编程逻辑门阵列(FPGA))之间,无论是用同步时序实现还是用异步时序实现,一般均为软、硬件协同实现。但是,在关键的同步基准实现上有明显的区别:

(1)要求严格同步的过程一般需采用硬件产生的时钟信号作为同步基准。

(2)要求快速响应的动作同步一般需采用硬件产生的脉冲信号。

(3)异步时序一般采用数据标志(握手信号),依赖于软件。

(4)软件任务之间的动作同步一般采用软件(事件)信号。

无论是哪一种情况,软件都为同步需求的最终实现起到重要作用,数据处理和过程控制都对软件设计的逻辑要求较高。

3)同步设计原则及步骤

同步设计是为了满足系统的同步需求而提出的由同步时序或异步时序或组合时序构成的解决方案,其重要的原则包括:

(1)不同的同步时序不使用同一个基准,异步时序则允许使用。

(2)同步时序应设计在基准发送端与基准接收端之间,不应设计在多个基准接收端之间。例如,控制计算机与多个星敏感器之间对于各星敏数据均需在同一时间段内的计算和判断应由控制计算机完成,而不由每个星敏感器保证。

(3)满足单个系统同步需求的同步时序应设计一个基准发送端对一个到多个基准接收端,不应设计成多个基准发送端对一个基准接收端。例如,控制计算机不能同时接收数据管理和测控分系统的校时信号。

(4)分析并计算同步的时间严格程度,依据严格程度的高低依次选用严格同步时序、组合时序(如同步脉冲 + 总线通信)、异步时序(数据中有时间标记)。

(5)分析并计算动作同步对延时的严格程度,依据严格程度的高低依次选用硬件事件、软件事件作为同步基准。

(6)外系统对控制分系统的同步要求一般应仅由控制计算机处理。例如,载荷分系统所需姿态位置数据,由控制计算机发布,不由敏感器发布。又如,校时信号及校时数据应仅由控制计算机处理。

（7）基准信号应在基准发送端和基准接收端之间直接传递，不应由第三者转递。例如，作为对原则（6）的补充，当载荷的某个动作必须和星敏感器曝光时间的中心点对齐时，此时，载荷与星敏感器之间的同步信号应在二者之间直接传递，不应由控制计算机传递。这种需求对控制分系统的设计影响是多方面的，包括控制系统开放星敏感器接入外总线、星敏感器需作为与载荷同步基准信号的发送端等。

（8）同步时序设计在工程实现时不可能完全同步，总是要规定一个同步容差指标，一般由微秒级到秒级不等。

（9）同步时序中不应引入异步事件，不可避免时应保证异步事件带入的随机影响在同步容差指标以内。例如，控制计算机作为基准发送端发出同步信号，而其同步处理又在控制周期任务中完成，则需将同步信号与控制周期对齐，并保证同步周期是控制周期的倍数（否则就引入同步周期与控制周期未对齐的异步事件）；而在控制周期中进行同步处理的时刻由于系统中断的不确定而不可避免地带入了随机影响，此时则需保证同步容差。

2. 时序验证方法

1）仿真验证

具备条件时，在时序设计阶段后期，应通过软件模拟的仿真验证手段对时序设计结果的主要内容进行初步验证，以检验时序设计的正确性。通过软件模拟系统运行，可以方便地记录系统运行状态，用于复核时序逻辑的动作顺序和时间约束参数。

软件模拟的仿真验证手段可采用工具软件如 Matlab（Simulink），也可以自行编写模拟软件。

2）串行通信监视设备

当两个单机之间使用标准异步串行通信接口进行通信时，可使用串行通信监视器，实时记录通信数据，根据这些记录可验证信息交互动作顺序以及响应时间、时间间隔等参数。

3）总线通信测试设备

使用总线通信监视器挂接到总线上进行监视，不仅可以记录带有时标的数字数据，还可以记录波形数据。另外，也可以用于模拟某个总线节点参与时序过程。与总线相关的各种时间参数均可获得并验证。

4）波形（脉冲）记录设备

一般使用通用的示波器和逻辑分析仪接入测试点，对时序波形进行测试，这些信号在通用设备上均有时标，可方便地测试出时间间隔、时间区间等参数。

5）指示灯

一般的，系统测试设备均包含指示灯箱，特别是对开关动作具有指示作用，因此包含有开关动作的时序过程,可以使用指示灯箱来检验动作顺序。另外,指示灯也可以(通过闪烁)用于标识某过程是否正在进行,如码流输出。

6) 外系统模拟设备

当控制分系统与外系统有接口(特别是有时序要求)时,需对外系统进行模拟。外系统模拟设备不仅模拟外系统的动作和时间约束,而且能记录控制分系统端对应发出的数据和先后关系,并带有时标,以方便分析控制分系统与外系统的时序参数。

7) 测试用例与时序触发

为了对特定时序进行验证,需对时序进行触发。使用信号发生器作为波形触发设备,使用开关作为脉冲触发。更多的时候,复杂时序的触发需要首先建立一系列的外部状态,这些状态即为测试用例。测试用例由一组特定的状态数据值或触发动作组成,对于连续的时序测试过程,测试用例也包含时标。

3. 常见的实时性相关问题的设计方法

1) 中断程序设计

中断的基本过程包括请求、优先级判断、响应、处理和返回五个阶段。CPU首先响应当前优先级最高中断源的中断请求,处理完后再响应优先级次高的中断请求。CPU 在没有接到中断请求信号时,一直执行原来的程序。由于外部设备的中断申请随机发生,有中断申请后 CPU 能否立即服务要看中断的类型:若为非屏蔽中断申请,则 CPU 执行完现行指令后,做好保护现场工作即可处理中断服务;若为可屏蔽中断申请,则 CPU 只有得到允许后才能服务。CPU 接收到中断请求后到进入中断服务程序之前的时间称为中断响应周期。这期间 CPU还要自动将标志寄存器内容及断点地址入栈保护,并自动寻找被响应的中断源的中断服务程序入口地址。

中断设计原则如下:

(1) 尽量减少中断数量。中断越多,系统不确定性越大,软件设计和测试越复杂。实时性要求较低的系统可采用查询方式。

(2) 中断发生的频率不宜过快。同级中断或不同级中断发生得过快,会影响程序的正常运行。要特别注意中断的最小时间间隔,间隔很短时,如果有中断处理时间过长,有的中断或许不能响应或丢失。

(3) 中断屏蔽时间应尽量短。为减少任务延迟和避免中断丢失,必要时应确定中断的最长处理时间。实时系统应是可预测的,即任务在最坏情况下的执行时间以及所需数据与资源满足要求。

(4) 中断处理时间应尽可能短。大多数情况下,中断服务程序的作用是识别中断来源,从请求中断的设备取得数据或状态,除需要及时响应的事件可在中断中直接处理外,应把其他工作特别是运算量大和耗时的工作放在服务程序中处理。如难以实现,在风险能承受的原则下,系统中的一些关键过程可进行关中断处理,或采用 FIFO 进行通信等。

(5)中断现场的保护要完整。中断现场保护不够是中断问题频发的原因之一。

(6)中断嵌套深度不宜过深。中断驱动系统(特别是中断嵌套的系统)中要避免堆栈溢出问题。

(7)中断之间应尽量避免共享资源。嵌入式软件如果采用 C 语言或汇编语言编写,这两种语言数据的封装和传递困难,程序内模块间大量通过全局变量进行交换,这使得数据竞争问题可能出现。中断与主程序之间、中断之间应尽量避免共享资源(包括内存(变量)、时间、端口、寄存器等资源)。

(8)中断开关时机。CPU 接收并响应一个中断后如果自动关闭中断,以防止在中断响应过程中被其他级别更高的中断打断,使得在获取中断类型号时出错。但是,在某些情况下如果有比该中断更优先的情况要处理,此时应停止对该中断的服务而转入优先级更高的中断处理,故需要再开中断(若不允许嵌套,也可不开中断)。

(9)进入中断后,不同 CPU 自动开关中断处理可能不同(如 8086 和80386),有的需显示开或关该中断,有的则是 CPU 自动处理。

(10)初始化结束前禁止开中断:中断不及时打开可能引起星上数据管理系统/控制局域网络(OBDH/CAN)通信失败;关键过程、要求完整的多字节数据处理等原子操作时要关中断。

2)通信过程设计

航天器是一个复杂的系统,这个系统通常可划分为若干个分系统,各分系统之间和分系统内部都有大量的信息交换。设备之间的通信主要通过各自的软件按照一定的通信协议来完成,要保证接口通信的正确、可靠,首先通信的双方对协议的理解、发送与接收的数据内容和格式、数据校验和校验方式等也必须完全一致。此外,双方还必须遵守严格的通信时序约束。

通信设计要点如下:

(1)发送和接收时序设计:接口芯片的类型、波特率、字节长度、奇偶校验;每个字节的传输时间、字节之间的间隔时间、全部字节传输所需时间;数据的发送、接收是中断方式还是查询方式;数据是周期发送还是随机(事件驱动)发送;数据的更新周期;等等。

(2)抗干扰容错设计:字节与字节之间以及全部数据的发送和接收都应进行超时设计避免死循环等待;超时处理应采用超时退出、复位或切换等容错设计。数据、消息或指令如不能在协议规定时刻到来,不能无限等待,应采用延时等待、超时退出等机制。如等待一段时间后仍异常,可采用初始化、复位(包括芯片、总线)、主备份切换(切换设备、切换总线)后退出等措施;数据校验要严格按通信协议判断奇偶校验、帧头、字长、累加和是否正确;通信过程中的余量设计;信号滤波应根据信号的建立和保持时间进行防抖动设计,可采取三取二或五取三等措施;一些接口芯片在工作过程中寄存器状态可能改变,应定期进行周期初始化。

（3）通信过程是否会被中断:因通信过程被中断打断导致通信失败,既定的任务无法正确执行的问题经常发生。应检测通信过程中是否有中断发生,如有中断发生,可再次进行通信,必要时可进行关中断处理。

4. MIL-STD-1553B 总线中断程序设计

1553B 总线是一种时分制指令/响应型多路传输数据总线,其主要特点是分布处理、集中控制和实时响应,实时性和可靠性高,广泛应用于航空、航天等领域。航天器利用 1553B 总线不仅可以将各个分系统有机结合起来,而且还可大大提高系统的可扩展性。各分系统一方面将自己的各种数据按一定频率通过 1553B 送给数据管理分系统,另一方面及时接收和处理数据管理分系统转发的来自地面的各种指令和数据,由于地面的指令具有较高优先级,因此各分系统通常以中断响应的方式接收来自它们的数据或指令。

1）1553B 总线中断程序设计时经常出现的问题

（1）指令丢失问题。

① 发多条不同子地址的指令,有的指令没有执行。不同地址的指令执行时序如图 1 – 3 所示,这些指令是在中断中进行处理,通过判断命令寄存器来判断收到的是哪条指令,但是寄存器中存的是最新一条指令,如果指令 1 处理时间超过了指令 1 和指令 3 的间隔,便导致指令 2 没有执行。

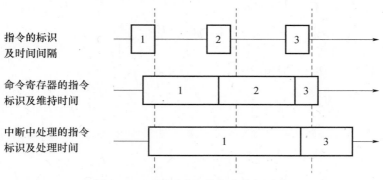

图 1 – 3　不同子地址的指令执行时序

② 发相同子地址但功能不同的两条指令,只执行了后一条指令,第一条指令没有执行。相同子地址但功能不同的指令执行时序如图 1 – 4 所示,这些指令

是在任务或主循环中进行处理,查询命令堆栈来依次处理任务间隔内所有的指令,指令具体的内容保存在分配好的存储区内,同一个子地址分配同一个存储区,通过读取存储区的内容来决定执行相应的操作。在任务查询前来过了两条指令,但存储区中保存的已经是第二条指令的内容,这样只能执行第二条指令而第一条指令没有执行。

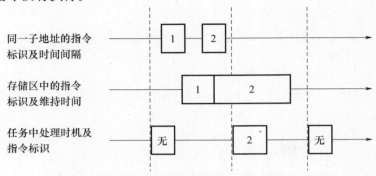

图 1-4 相同子地址但功能不同的指令执行时序

(2)数据读写冲突。1553B 总线实现控制系统与数据管理系统之间的通信,交换数据,以实现星地联系和对卫星的人工干预。1553B 总线是主从式总线,即每一次总线通信是由总线的控制端(BC 端)发起,由终端端(RT 端)响应完成,RT 不能作为通信的主动发起方。两个通信的计算机是异步的,通过共享的存储区来交换数据。当作为终端的控制计算机在写数据时,作为总线控制器的数据管理计算机有可能正在读取数据,导致地面获得的数据不完整和不一致;反之,当控制计算机在读数据时,数据管理计算机有可能正在写数据,导致控制得到的指令错误。主要的原因是处理的时机和处理的方式不合适导致。

2)预防措施

需求分析阶段要列出所有的时序相关要求,主要包括如下几个方面:

(1)给出每个通信子地址功能的通信周期、响应和处理时间要求。大部分协议中都给出相应的说明,但还需进一步细化和分析,这不仅确定是在中断还是任务中处理的主要决定因素,而且决定对子地址控制字的设置要求和非法指令的设置要求。

(2)给出各个通信功能之间的依赖关系所体现出的先后顺序要求。

(3)注入的遥测帧计数和发送遥测数据包的时间关联关系,这对遥测功能的执行时序是一种约束。

(4)发送内存读出的地址和长度、发送内存数据读出的指针复位与发送内存数据间的时间关联关系,这对内存数据获得的数量和间隔是一种约束。

（5）多个子地址完成同一功能时，给出各个子地址间的时序要求；主要明确各个子地址发送的顺序和时间间隔要求及判定完成的条件要求。例如：

① 注入功能如果通过四个子地址来完成，需明确四个子地址顺序发送且都要发送，收到第四个地址对应的消息后才开始统一处理，同时要判断前三个消息都收到；注入功能如果通过五个子地址来完成，其中第五个给出结束标志，则要求在收到第五个完成标志正确后再处理。

② 辅助数据占两个子地址，明确在收到第二个后再统一处理。

（6）多个功能复用同一个通信子地址时，给出功能间的时序要求。主要明确各个功能执行时间间隔和执行顺序的关联与约束，要保证处理间隔小于指令间隔。分系统内部和分系统两个层次间，例如：

① 针对分系统内部，如不同功能注入块的注入约束条件应在分系统内部的注入文件中提出。

② 针对分系统间，如整星侧摆和天线控制等总线指令，执行各操作时要考虑时间间隔和顺序要求。

（7）给出 1553B 中断时序分析和时间要求。基本原则是在中断中处理的功能和时间应越少越好，并给出中断最大处理时间的要求。

① 针对任务调度的结构形式，要尽可能控制在 1553B 中断中处理的功能数量和时间，必要时调整分系统间的时序关系。如某型号原有的设计是先发遥测帧计数，很快就读取遥测包数据，时间小于 1 个控制周期，这样必然要求以中断方式处理。但是考虑到此功能的周期远远大于 1 个控制周期，在这种情况下，可以通过调整时序，首先读取遥测包数据，然后发下一次的遥测计数，大约数个控制周期后再重复此操作，这样软件就可以在任务中通过查询的方式来处理此功能。

② 针对主程序＋中断的结构形式，大部分的接收和发送指令要在中断中进行。在此情况下，要严格控制每条指令的处理时间，避免丢指令。

3）设计实现阶段的设计实现方案

（1）数据结构的设计方案：

① 由于存在大量的打包和解包操作，并且受资源所限，需要用到大量对位的操作，可以设计位段的长度和顺序，从而减少处理的时间并简化操作。

② 属于同一大的功能不同变量可以设计成一个结构体，结构体中变量的顺序可以设计的与要求一致；各注入块中各功能的数据要尽量按顺序定义，这样"搬家"时能节省时间。

（2）中断中处理内容的设计方案：为了减少中断处理的时间，可以在中断中只立标志，在任务和主循环中处理。

（3）防止数据读/写冲突的设计方案。

① 针对周期性且不频繁的指令，可以在周期相对短的任务中，采取通过查堆栈判断出指令来过后，再进行指令的处理。

② 针对随机性的指令，可以采取双缓冲区的方式，通过切换查找表中存储区的位置来避免读/写冲突。

（4）判断指令的设计实现方案：

① 针对指令多、指令接收和发送频繁的情况，可以在任务中读本次命令寄存器数值，通过比较与上次读取数值之差的方式来判断依次来过哪些指令。

② 针对指令少、指令接收和发送不频繁的情况，可以在任务中读本次堆栈指针，通过比较与上次读取数值之差的方式来判断依次来过哪些指令，这样可以保证指令能得到及时处理。

4）测试阶段针对需求进行时序功能覆盖性测试和强度测试

（1）进行中断处理时间的测试：在设计测试用例时，要考虑各种最大时间的组合情况，要给出测试时间的最大和最小值。

（2）进行1553B通信功能的强度测试，给出系统最多通信状态下长时间的测试。

（3）针对每个通信子地址功能进行时间特性的测试。

（4）进行在故障情况下时序不按要求时系统最坏执行情况的测试。

5. 常用软件工具

1）aiT

AbsInt 的 aiT WCET 能够分析出系统中任务的最大执行时间，分析可以针对所有的输入和每个任务，这是用来保证可靠性软件时间特性的自动化工具。它基于静态方式来分析任务中使用的 cache 和流水线（pipeline）操作，从而能够正确地计算出系统的最大执行时间。

2）Bound-T

确定程序（或子程序）的执行时间上限。基于静态分析，覆盖所有情况，无需硬件，人工标注，支持多种目标平台。Bound-T 工具能够提供循环展开、分支覆盖、路径覆盖，以及处理函数调用，对顺序程序片段 WCET 的计算很有意义。

3）RapiTime

RapiTime 是一个自动的实时性分析工具，主要辅助应用于航空航天、汽车电子等安全关键领域的嵌入式软件的时间时序分析。该工具可自动记录软件的所有执行路径，并测量出这些路径的执行时间，还可给出软件的最坏情况执行时间（Worst Case Execution Time，WCET）估计。

4）SpaceTMC

SpaceTMC 是一个包括面向中断驱动系统描述与转换工具、基于时间自动机的时序行为建模与验证工具、基于混成自动机的模型检验工具、面向场景规约的时序分析验证工具、支持中断与交互的 WCET 分析工具等的工具集。该工具集支持对含有 10 个中断源和采用抢占式调度策略的多个任务的实时系统的时序分析和验证。

1.4.6　度量

基于软件开发生命周期全过程,采用主观和客观相结合的方法,对软件的实时性在软件研制各阶段的保障要素的满足程度进行评估,识别薄弱环节,并找到改进方向。

第2章
航天控制软件需求建模与验证

软件需求建模与验证是解决十大可信问题的重要保证,涉及计算问题、状态转换问题、各阶段一致性问题等,是实现软件可信保障的基础和前提。因此,需要一套需求建模与验证的方法学,有利于软件工程师清晰、无二义性地表述航天嵌入式控制软件的需求,并能在需求分析阶段进行分析和验证,以便尽早发现可能存在的问题,有效地提高软件质量,控制软件开发成本。

基于以上目的,本章从需求建模语言、需求性质描述语言以及相应的分析与验证方法三个角度介绍航天控制软件需求建模与验证方法,并介绍该方法在工程实践中的应用。

该方法以航天需求描述语言(SPARDL)为载体。SPARDL 以模式图为核心,为航天需求工程师提供了一整套建模、分析的手段,并在该模型上进行仿真、数据流分析和验证。在工程实践中,以 SPARDL 为原型,再结合一个简单、易操作的界面,形成航天控制软件需求分析工具,提供了包括需求建模、原型仿真、数据流分析、概率模型检查等方法,帮助需求工程师解决计算问题、状态转换问题、需求与设计编码的一致性问题。

2.1　需求建模语言

在工程实践中,航天嵌入式系统工程师一般以模式作为航天嵌入式软件的描述手段。模式说明了软件控制的嵌入式系统所处的状态、使用的敏感器及执行机构、软件实现的控制算法。为了适应工程师的开发习惯,SPARDL 的需求建模语言以模式图为核心,描述控制算法需求。为便于软件相关方交流,SPARDL 还提供了对应的图形表示方法。

SPARDL 的核心是模式图,模式图中的节点对应嵌入式控制软件的模式。节点允许嵌套,以便支持子模式等特征。节点内部含有控制流,用于描述模式中的计算任务。模式的计算任务可以调用封装的控制算法,这些控制算法也由控制流加以描述。计算任务、控制算法共用全局变量,这些全局变量由数据字典加以描述。图 2-1 为模式图示例。

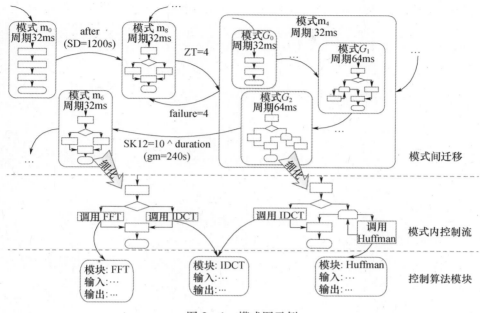

图 2-1 模式图示例

模式图具有下列特征：

（1）基于模式。SPARDL 的基本建模元素是"模式"，每个模式表明系统处于特定的状态，使用特定的控制算法。

（2）时间谓词。控制系统的行为不仅取决于系统当前的状态，而且取决于系统的历史状态。为了刻画这一特征，SPARDL 提供了时间谓词，用于描述布尔表达式在状态序列上按照一定时序要求成立的情形。

（3）层次结构。模式图的建模粒度分为三个层次：顶层展示了各个模式以及模式迁移关系、包含关系；中间层描述每个模式内部的计算流程；底层是具体的控制算法。层次结构既反映了嵌入式周期控制系统本身的特征，也有利于软件工程师理解开发需求，分解开发任务。

（4）面向计算。由于控制系统需要处理许多数据以便确定被控对象的姿态，并加以控制，控制软件会涉及许多复杂的计算。这些计算被封装为不同的控制算法，位于模型的第三个层次。该层次对控制算法的封装，既有利于开发任务的分解，也有利于软件产品的重用。

（5）周期驱动。控制系统是一种不会终止的反应式系统，这种系统按照给定的时间反复执行计算任务。SPARDL 模型中的模式阐明了控制软件的周期，并不要求各个模式的周期相同,因此,控制软件处于不同的模式时可以有不同的周期。例如,对于遥感卫星的控制软件来说:处于轨道控制模式时,由于需要非常精准地调整星体姿态,因此周期较短;而处于巡航模式时,由于星体姿态已经稳定,因此只需稍加调整,维持星体姿态即可。所以相比于巡航模式,轨道控制模式的周期更短,以便实现更加精细的控制。

2.1.1　建模语法定义

SPARDL 模型是一个层次化模型,通过定义数据字典、特定的模块和一系列的模式来描述嵌入式周期控制系统。SPARDL 描述的嵌入式控制软件的模型定义如下:

System:　$=\langle$ Data Dictionary, Modules, Modes $\rangle$

· Data Dictionary:数据字典,定义了系统中使用的全局变量。

· Modules:模块,定义了模式过程中会调用的各个控制模块。

· Modes:模式图,定义了组成软件模型的各个模式,这些模式的流程以及模式之间的迁移关系和组合关系,描述了 SPARDL 模型的周期性行为。

1. 数据字典

嵌入式周期控制系统中使用的变量构成 SPARDL 中的数据字典,模式和模块中使用到的变量均定义在数据字典中。数据字典中的变量是有一定的物理含义的。因此,与一般的编程语言相比,SPARDL 中的变量不仅有类型(Type),还有单位(Unit)。

数据字典中的变量分为标量变量(Scalar Variables)和矩阵变量(Matrix Variables)两大类,向量也属于矩阵变量。数据字典的定义如下:

Dictionary:　$=\{v \mid v =($ name, type, bitlength, usage, dimension, defaultVal$)\}$

· name:变量名,每个变量都有其唯一标识名。

· type:变量类型,支持布尔型(Bool)、整型(Int)和浮点型(Float)。

· bit length:变量的比特长度,一般为 32bit 或 64bit。

· usage:包括只读(R)、只写(W)、可读可写(RW)三种取值。只读变量用于表示来自敏感器的输入,只写变量用于表示针对执行机构的输出,可读可写变量用于维护系统自身的状态。

· dimension:变量的维度。标量变量的取值为 $\{(0,0)\}$,矩阵变量的维度是一个二元组 $\{(m, n)\}$,表示这个变量是一个 $m \times n$ 的矩阵。特别地,$1 \times n$ 表示长度为 n 的行向量,$n \times 1$ 表示长度为 n 的列向量。

· defaultVal:变量的默认值。

表 2-1 列出数据字典例子,数据字典定义了 BZ1、φ、torque 和 AOI 四个变量。前两个变量是标量,第三个是长度为 3 的行向量,第四个是 3×3 的矩阵变量。

表 2-1 数据字典例子

名称	类型	字长	使用	维度	默认值
BZ1	Int	32	RW	$\{(0,0)\}$	0
φ	Float	32	R	$\{(0,0)\}$	0
torque	Float	32	W	$\{(1,3)\}$	$(0 \quad 0 \quad 0)$
AOI	Float	32	R	$\{(3,3)\}$	$\begin{pmatrix} 1 & 0 & 0 \\ 0 & 1 & 0 \\ 0 & 0 & 1.4142 \end{pmatrix}$

2. 表达式

由于 SPARDL 允许定义矩阵变量,所以 SPARDL 对表达式语法的定义也不同于一般的编程语言(C 语言或 JAVA 语言),SPARDL 中表达式包含了矩阵变量和其相关的操作。给定标量变量和矩阵变量构成的集合 V,SPARDL 中表达式语法定义如下:

$$e := c \mid v \mid e[e_1][e_2] \mid e, e \mid e; e \mid f(e_1 \cdots e_n)$$

$$b := \text{true} \mid \text{false} \mid p(e_1 \cdots e_n) \mid ! \, b \mid b \vee b \mid b \wedge b$$

$$t := \text{after}(b,c) \mid \text{duration}(b,c)$$

其中: $c \in \mathbf{R}$,表示常量; $v \in V$,表示变量。

表达式 e 可以是实数范围内的常量,或标量型变量,或矩阵型变量的某个标量型元素,或返回值在实数范围内的函数表达。f 可以表示参数列表是 n 个实数,返回值是实数的函数,如加法函数;也可以表示参数列表是 n 个矩阵,返回值是实数的函数,如矩阵行列式函数。

表达式 e 还可以是显式表示的矩阵,或矩阵运算表达式,或返回值是矩阵的函数表达式。f 可以代表参数是 n 个矩阵,返回值也是矩阵的函数,如矩阵乘法函数;也可以表示输入参数是实数和矩阵,返回值是一个矩阵的函数,如数乘矩阵函数。e_1、e_2 表示水平拼接表达式 e_1 和表达式 e_2 组成一个新的矩阵,$e_1; e_2$ 表示垂直拼接表达式 e_1 和表达式 e_2 组成一个新的矩阵。

布尔表达式 b 可以是布尔常量,或表达式的谓词,或布尔表达式的逻辑组合。时间谓词 t 是返回布尔值的函数。

表 2-2 列出 SPARDL 表达式例子。

表 2 - 2　SPARDL 表达式例子

SPARDL Expression	
VarExpr	v
ConstExpr	5
MatrixExpr	$[\sin x,\ \cos y;\ 1,\ 0;]$
PolymericExpr	$[1;0]*5$
FunCallExpr	$f(x+y,\ m*n)$
TimeExpr	$\text{duration}(a<0,4)$

3. 时间谓词

SPARDL 模型在描述嵌入式周期控制系统时,考虑到其时间敏感特性,特提出时间谓词表达来表示其时间特性。SPARDL 中时间谓词定义如下:

$$t:\ = \text{after}(b,c)\ |\ \text{duration}(b,c)$$

·after(b,c):在某个状态序列 p 时,布尔表达式 b 值为真,且存在另一个状态序列 p',布尔表达式 b 值也为真,并且从 p' 到 p 需要历经 c 个状态序列,则时间谓词 after(b,c)返回真值。

·duration(b,c):在某个状态序列 p 时,布尔表达式 b 值为真,且存在另一个状态序列 p',从 p' 到 p 需要历经 c 个状态序列,并且对于这 c 个状态序列的每个状态序列,布尔表达式 b 值都为真,则时间谓词 duration(b,c)返回真值。

例如,"当系统处于模式 M_1 时,如果在 4 个状态序列内角速度 $x>6$,则系统将迁移至 M_2",该语句表示了模式迁移的一个迁移条件,即可以用时间谓词 duration($x>6,4$)表示。

图 2 - 2 为时间谓词在状态序列上的解释。例如,为了判定时间谓词 duration($x>6,4$)在状态 s_5 上是否成立,由于状态 s_4 与当前状态 s_5 的时间间隔是 4,因此,只需检查布尔表达式 $x>6$ 在状态 s_4 和 s_5 上是否成立即可。根据图示,布尔表达式 $x>6$ 在状态 s_4 和 s_5 上都成立,因此,duration($x>6,4$)在状态序列 s_5 上成立。

判定时间谓词 after($x>5,10$)在状态 s_5 上是否成立。因为状态 s_2 与状态 s_5 的时间间隔大于 10,而其后一个状态 s_3 与状态 s_5 的时间间隔小于 10,所以只需检查布尔表达式 $x>5$ 在状态 s_2 上是否成立即可。由于布尔表达式 $x>5$ 在状态 s_2 上不成立,因此,after($x>5,10$)在状态序列 s_5 上不成立。

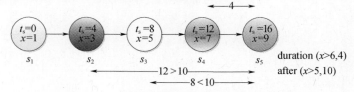

图 2 - 2　时间谓词在状态序列上的解释

4. 控制流

给定变量集合 V,SPARDL 中控制流定义如下:

cfg: $\quad$ = stmts

stmts: $\quad$ = pStmt | cStmt

pStmt: $\quad$ = aStmt | call name | skip

aStmt: $\quad$ = v: = e | $v[e_1, e_2]$: $\quad$ = e |

cStmt: $\quad$ = stmts; stmts | if b then stmts then stmts | while b do stmts

SPARDL 中语句(stmts)包括三种基本语句和三种复合语句。基本语句包括赋值语句、模块调用语句、空语句三种。赋值语句的左值可以是标量型变量、矩阵型变量、显式矩阵或矩阵元素。复合语句包括顺序语句、分支语句和循环语句。

表 2-3 列出 SPARDL 控制流例子。

表 2-3 SPARDL 控制流例子

SPARDL CFG	
AssignStmt	$x = 5$ $y = \det(m)$ $m = [1,0,0;] * 6$ $m[1] = 3$ $[x, y, z;] = [1,0,0;]$
CallStmt	call f_1_4
CompoundStmt	$x = 5$; call f_1_4
ChoiceStmt	if(duration$(x > 4, 6)$) then $\{x = 5;\}$
LoopStmt	while$(x + y > z)$ $\{$call f_1_1$\}$

5. 模块

SPARDL 中定义的模块表示系统中一个基本的控制计算单元,类似于控制专家设计的控制算法的 C 语言函数表示。每个模块可以被任意模式调用或其他模块调用。SPARDL 中模块本质上就是一个控制流组合而成的计算单元,定义如下:

$$\text{Module:} \quad = (\text{name}, V_I, V_o, \text{stmts})$$

· name:模块的名称,是模块的唯一标识。

· $V_I \in V, V_o \in V$:该模块的输入变量集合与输出变量集合。

· stmts:模式体,是一个控制流。

所有的模块都共享定义在数据字典中的变量,因此,输入变量和输出变量都属于数据字典中定义的变量集合 V。

6. 模式

SPARDL 用一系列模式来体现嵌入式周期控制系统中的行为特征,每个模式可以周期性地执行一系列过程。系统可以周期性地运行在某个模式中,直到某个迁移条件满足,系统可能会进入另一个模式。SPARDL 中模式的定义如下:

Mode: $= (\, name, period, Init, Procs, Trans\,)$

Procs: $= proc \mid Procs$

proc: $= (\, period, stmts\,)$

Trans: $= tran \mid Trans$

tran: $= (\, id, prioprity, guard, stmts, targetmode\,)$

gTerm: $= t \mid b$

guard: $= gTerm \mid ! \ guard \mid guard \{ \wedge, \vee \} guard$

· name:模式的名称。

· period:模式的周期,即系统处于这个模式时的周期,单位是毫秒。

· Init:模式的初始化过程,它是一个控制流。

· Procs:模式的任务集,即每个模式包含一系列过程。每个模式过程都有独立的运行周期,具体的过程就是控制流表示的计算任务。

· Trans:模式的迁移过程集,每个模式包含一系列迁移过程(tran)。

SPARDL 中每个模式代表了系统中的一个状态。当系统处于该状态时,系统周期性地执行固定的活动,在模式中的每个活动都表示一个计算任务。当系统刚进入该模式时,需要在模式开始前执行一些活动,这些活动就组成了模式的初始化过程。在模式中需要执行的计算任务就构成了模式的任务集。当系统执行完所有的计算任务后,系统会进入模式迁移阶段,以决定系统下一个状态。每个模式都有一系列的迁移分支,每个迁移过程包含:

· id:独立的标识。

· priority:优先级,值越大,优先级越高,当多个迁移卫式满足时,先进行优先级高的迁移过程。

· guard:迁移卫式,是一个卫式项,或卫式项和迁移卫式的逻辑组合。时间谓词和布尔谓词合称为卫式项(GTerm)。

· stmts:迁移时的执行任务,即控制流(可以不执行任何任务,即控制流为空)。

· target mode:目标模式,表示迁移发生后系统将进入的模式。

图 2-3 为模式迁移示例。例如,对于模式 m_1,它有三个模式迁移分支。第一个迁移过程的目标是 m_2,优先级最高是 2,g_4 是发生该迁移过程的条件。第二个迁移过程的目标是 m_3,优先级较低是 5,g_3 是发生该迁移过程的条件。第

三个迁移过程的目标是 m_0,优先级最低是 10,g_{10} 是发生该迁移过程的条件。

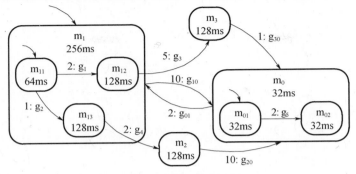

图 2 - 3　模式迁移示例

2.1.2　建模语义解释

基于操作语义,可以用模拟的方式分析 SPARDL 模型的行为,也可以在此基础上设计 SPARDL 的模型检查算法。SPARDL 模型是一个层次模型,分为模式层和模块层。模块层的行为类似于一般的命令式语言,因此,本章主要讨论模式层的语义。

SPARDL 的变量分为标量和矩阵两大类,一个变量的取值既可以是实数域 **R** 中的一个元素,也可以是 $m \times n$ 维实空间 $\mathbf{R}^{m \times n}$ 中的一个元素。因此,本章将变量的取值空间 Val 定义为

$$\mathrm{Val} :: = \mathbf{R} \cup \mathbf{R}^{m \times n}$$

给定变量集合 V,它的语义可以用一个变量赋值 s 来表示,$s : V \mapsto \mathrm{Val}$ 是从变量名到取值的映射。令 State 表示 V 中所有的变量集合到取值空间的映射:

$$\mathrm{State} :: = V \mapsto \mathrm{Val}$$

在模式层,仅关心由数据字典定义的全局变量,故而 State 的变量集合是这些全局变量以及一个特殊的变量 timestamp 构成的集合。timestamp 代表时间戳。SPARDL 的语义空间定义如下:

$$\mathrm{Config} :: = (\mathrm{MD}, m, l, pc, k, \varSigma)$$

· MD:整个模式图,$m \in \mathrm{Modes}$ 表示系统当前所处的模式;

· l $\in$ {Begin,Execute,End}:系统所处的阶段,Begin 表示周期初始,Execute 表示准备执行周期任务,End 表示周期末尾。

· pc $\in L$:其中 $L = N \cup \{\mathrm{Start}, \mathrm{Exit}, \perp\}$ 是一个程序计数器,用于标识模式体的控制流的执行情况。N 是控制流内部的位置标记。Start 和 Exit 分别表示控制流的开始位置和结束位置。如果当前的模式没有控制流,那么使用符号 $\perp$ 作为占位符。

· k:周期计数器，每个周期加 1。如果系统发生模式切换，那么 k 将被置为"1"。

· Σ:变量状态构成的序列,记录了历史状态。序列中的每个元素 Σ_i 都是一个变量名到变量取值的映射,即 $\Sigma_i \in \text{State}$。

1. 表达式

给定一个状态 σ,状态表达式在语义空间中的求值规则见表 2 – 4。函数 $\text{eval}:\text{SExpr} \times \text{State} \mapsto \text{Val}$ 将给定的变量状态 σ 和状态表达式 e 映射为取值空间 Val 中的一个元素。$\text{eval}(e,\sigma) = v$ 也可以写作 $\sigma(e) = v$,其中 $v \in \text{Val}$ 是表达式 e 在状态 σ 上求值的结果。

表 2 – 4　表达式的语义解释

常量	$\text{eval}(c,\sigma)=c$,其中 c 是常数
变量 1	$\text{eval}(x,\sigma)=\sigma(x)$,其中 x 是变量
变量 2	$\text{eval}(m[e_1,e_2],\sigma)=\sigma(m)[\text{eval}(e_1,\sigma),\text{eval}(e_2,\sigma)]$,其中 m 是矩阵变量
变量 3	$\text{eval}(m[e_1],\sigma)=\sigma(m)[0,\text{eval}(e_1,\sigma)]$,其中 m 是行向量变量
变量 4	$\text{eval}(m[e_1],\sigma)=\sigma(m)[\text{eval}(e_1,\sigma),0]$,其中 m 是列向量变量
矩阵	$$\text{eval}\left(\begin{bmatrix} e_{1,1} & \cdots & e_{1,n} \\ \vdots & & \vdots \\ e_{m,1} & \cdots & e_{m,n} \end{bmatrix},\sigma\right)=\begin{bmatrix} v_{1,1} & \cdots & v_{1,n} \\ \vdots & & \vdots \\ v_{m,1} & \cdots & v_{m,n} \end{bmatrix},其中$$ $$\text{eval}(e_{1,1},\sigma)=v_{1,1}\cdots\cdots\text{eval}(e_{m,n},\sigma)=v_{m,n}$$
函数	$\text{eval}(f(e_1,\cdots,e_n),\sigma)=f(\text{eval}(e_1,\sigma),\cdots,\text{eval}(e_n,\sigma))$,其中 f 是函数

卫式中的布尔表达式在语义空间中的语义解释见表 2 – 5,记号 $\sigma \models b$ 表示布尔表达式 b 在状态 σ 上成立,也写作 $\text{eval}(b,\sigma) = \text{true}$。

表 2 – 5　布尔表达式的语义解释

常量 1	$\sigma \models \text{true}$,true 在任何状态均成立
常量 2	$\sigma \nvDash \text{false}$,false 在任何状态均不成立
谓词	$\sigma \models p(e_1,\cdots,e_n)$ 当且仅当 $p(\text{eval}(e_1,\sigma),\cdots,\text{eval}(e_n,\sigma)) = \text{true}$
否定	$\sigma \models e$ 当且仅当 $\sigma \nvDash e$
合取	$\sigma \models e_1 \wedge e_2$ 当且仅当 $\sigma \models e_1$ 且 $\sigma \models e_2$
析取	$\sigma \models e_1 \vee e_2$ 当且仅当 $\sigma \models e_1$ 或 $\sigma \models e_2$

2. 卫式

卫式在语义空间中的语义解释见表 2-6。如果卫式是布尔项(b),则该卫式

在状态序列 Σ 上成立，当且仅当 b 在 Σ 的最后一个状态 σ_n 上的求值结果是 true。时间谓词 duration(b,l) 在状态序列 Σ 成立，当且仅当其中的布尔谓词(b) 在 Σ 中距离当前状态时间间隔为 l 的状态，及其之后的状态上都成立。时间谓词 after(b,l) 在状态序列 Σ 成立，当且仅当其中的布尔谓词(b) 在 Σ 中距离当前状态时间间隔为 l 的状态上成立。由于 Σ 中的各个状态的时间并不连续，可能并不存在与当前时间间隔恰好是 l 的状态。因此，本章选择当前状态的时间间隔不小于 l，且其后一个状态与当前状态的时间间隔不超过 l 的状态。

表 2-6　卫式的语义解释

$\sigma_1 \cdots \sigma_n \vDash b$	当且仅当	$\sigma_n \vDash b$
$\Sigma \vDash \neg\ g$	当且仅当	$\Sigma \vDash g$
$\Sigma \vDash g_1 \vee g_2$	当且仅当	$\Sigma \vDash g_1$ 或 $\Sigma \vDash g_2$
$\Sigma \vDash g_1 \wedge g_2$	当且仅当	$\Sigma \vDash g_1$ 且 $\Sigma \vDash g_2$
$\Sigma \vDash \text{duration}(b,l)$	当且仅当	$\sigma_n(l) = v$ 且存在 $1 \leqslant i \leqslant n-1$，使得 $\sigma_i(t_s) + v \leqslant \sigma_n(t_s) \wedge \sigma_{i+1}(t_s) + v \geqslant \sigma_n(t_s)$，且对于任意的 $i \leqslant j \leqslant n$，有 $\sigma_j \vDash b$
$\Sigma \vDash \text{after}(b,l)$	当且仅当	$\sigma_n(l) = v$ 且存在 $1 \leqslant i \leqslant n-1$，使得 $\sigma_i(t_s) + v \leqslant \sigma_n(t_s) \wedge \sigma_{i+1}(t_s) + v \geqslant \sigma_n(t_s) \wedge \sigma_i \vDash b$

注：Σ 是长度为 n 的状态序列，其最后一个状态记作 σ_n

3. 语义规则

确定了语义空间以及状态表达式和卫式的语义之后，可以给出模式级别的操作语义推理规则，其形式如下：

$$\frac{g}{C \xrightarrow{e} C'}$$

其中：g 为应用推理规则的条件；$C, C' \in \text{Config}$ 用于描述 SPARDL 模型在语义空间中的状态变迁；$e \in \text{Events}$ 表示语义迁移时发生的事件，$\text{Events} = \{e_b, e_e, e_s, e_t, e_o\} \cup N_{\geqslant 0}$，其中，$e_b$ 表示周期开始，e_e 表示周期结束，e_s 表示进入子模式，e_t 表示模式迁移，e_o 表示超时，$e \in N_{\geqslant 0}$ 表示时间流逝。

模式级别的操作语义主要关心模式切换、进入子模式、按周期执行模式的控制流等行为。忽略流程图的具体执行过程，而将其概括为语义空间中的一次状态变迁。为此，定义函数 execute 描述流程图的执行效果：

$$\text{execute}: \text{CFG}(V) \times L \times \text{State} \times R_{\geqslant 0} \mapsto L \times \text{State} \times R_{\geqslant 0}$$

输入参数的第一元是待执行的流程图；第二元是一个程序计数器，表示执行的起始位置；第三元是一个程序状态；第四元是一个非负实数，表示执行时间，一般来说，就是含有该流程图的模式的周期长度。返回值的第一元是一个程序计数器，表示执行结束时的流程图位置；第二元表示结束时的程序状态，输入的流程图可能含有局部变量，但是输入的程序状态和返回的程序状态均不涉及这些局部变量；第三元是一个非负实数，表示执行该 CFG 耗费的时间。模式的语义推理规则见表 2-7。

表 2-7　模式的语义推理规则

子模式	$$\dfrac{\mathrm{CFG}(m)=\bot}{(\mathrm{MD},m,\mathrm{Begin},\mathrm{pc},k,\varSigma)\xrightarrow{e_s}(\mathrm{MD},m',\mathrm{Begin},\mathrm{pc}',k,\varSigma)}$$ 其中　$m'=\mathrm{sub\_mode}(MD,m)$, $$\mathrm{pc}'=\begin{cases}\bot,\text{如果 }\mathrm{CFG}(m')=\bot\\ Start,\text{如果 }\mathrm{CFG}(m')\neq\bot\end{cases}$$
采样	$$\dfrac{\mathrm{CFG}(m)\neq\bot}{(\mathrm{MD},m,\mathrm{Begin},\mathrm{pc},k,\varSigma\cdot\sigma)\xrightarrow{e_b}(\mathrm{MD},m,\mathrm{Execute},\mathrm{pc},k,\varSigma\cdot\sigma')}$$ 其中　$\sigma'=\sigma[x_1\mapsto\nabla_1,\cdots,x_n\mapsto\nabla_n]$; $x_1,\cdots,x_n$ 是数据字典中定义的只读变量; $\nabla_1,\cdots,\nabla_n$ 表示从传感器获取的值
执行	$$\dfrac{\mathrm{execute}(\mathrm{CFG}(m),\mathrm{pc},\sigma,\mathrm{period}(m))=(\mathrm{pc}',\sigma',-)}{(\mathrm{MD},m,\mathrm{Execute},\mathrm{pc},k,\varSigma\cdot\sigma)\xrightarrow{t}(\mathrm{MD},m,\mathrm{End},\mathrm{pc}',k,\varSigma\cdot\sigma')}$$ 其中　$\sigma'(ts)=\sigma'(ts)+\mathrm{period}(m)$, $t=\mathrm{period}(m)$
继续	$$\dfrac{\mathrm{pc}\neq\mathrm{Exit}}{(\vec{M},\mathrm{End},\mathrm{pc},k,\sigma,\varSigma))\xrightarrow{e_0}(\vec{M},\mathrm{Excute},\mathrm{pc},k+1,\sigma,\varSigma)}$$
重复	$$\dfrac{\forall(m_i,g,-,-)\in\mathrm{outs}(\mathrm{up\_modes}(\mathrm{MD},m,k))\cdot\varSigma)\nvDash g}{(\mathrm{MD},m,\mathrm{End},\mathrm{Exit},k,\varSigma)\xrightarrow{e_e}(\mathrm{MD},m,\mathrm{Begin},\mathrm{Start},k,\varSigma)}$$
切换	$\exists t\in\mathrm{outs}(\mathrm{up\_modes}(\mathrm{MD},m,k))\cdot\varSigma)\vDash\mathrm{guard}(t)\wedge$ $\forall t'\in\mathrm{outs}(\mathrm{up\_modes}(\mathrm{MD},m,k))-\{t\}.$ $$\dfrac{\varSigma\vDash\mathrm{guard}(t')\Rightarrow\mathrm{prio}(t')<\mathrm{prio}(t)}{(\mathrm{MD},m,\mathrm{End},\mathrm{Exit},k,\varSigma)\xrightarrow{e_t}(\mathrm{MD},m',\mathrm{Begin},\mathrm{pc}',1,\varSigma)}$$ 其中　$m'=\mathrm{target}(t)$ $$\mathrm{pc}'=\begin{cases}\bot,\text{如果 }\mathrm{CFG}(m')=\bot\\ \mathrm{Start},\text{如果 }\mathrm{CFG}(m')\neq\bot\end{cases}$$

规则（子模式）描述了在周期开始时，如果当前最内层的模式含有子模式，那么 SPARDL 模型立即进入子模式中的初始模式。如果该初始子模式有控制

流,那么将程序计数器 pc 置为 Start,表示在本周期将从头开始执行该子模式的控制流。如果该初始子模式也含有子模式,则将程序计数器 pc 置为⊥。在这种情况下,将再次应用该规则,进入子模式的初始子模式。

规则(采样)描述如果系统处于周期初始,最内层的模式有控制流,那么系统通过敏感器进行采样,用敏感器获取的值更新系统中的只读变量,然后开始执行模式的控制流。

规则(执行)描述了以程序计数器 pc 为程序起始位置,以当前模式的周期长度为执行时间,执行当前模式的控制流。函数 execute 获取控制流的执行结果,程序计数器从位置 pc 变为 pc',新的程序状态是 pc'。

控制流的执行结束之后,如果是超时(pc ! = Exit),则系统跳过模式迁移条件的检查,将在下一个周期继续执行未完成的计算任务。为了保证计算的一致性,下一个周期仍然使用敏感器上一周期采集的数据更新系统的内部状态。如果是正常结束(pc = Exit),则检查模式迁移的条件。

规则(重复)描述了如果所有模式迁移的条件都不满足,那么系统将在下一个周期继续处于当前模式。当系统处于周期末尾时,当前模式的控制流已经执行完毕,模式迁移条件均不满足时,SPARDL 模型进入下一个周期,仍然处于当前模式,模式周期计数加 1。SPARDL 模型允许模式嵌套,因此,在检查模式迁移条件时,应当检查当前模式和所有直接或间接包含当前模式的模式,如果这些模式处于周期末尾(l = End),且模式迁移条件满足,则模式图将转入迁移优先级最高的目的模式。

规则(切换)描述了如果某个模式图迁移的条件满足,且它的优先级高于其他任何条件也满足的迁移,那么该迁移将会发生,SPARDL 模型将在下一个周期转入目标模式。

2.2 需求性质描述语言

需求建模语言用于描述嵌入式周期控制软件的结构与功能模型,需求性质描述语言用于描述控制软件应达到的效果。以区间时序逻辑(ITL)为基础,给出了相应的性质描述语言。ITL 以时段为模型解释时序逻辑公式,非常适合航天嵌入式控制软件的应用场景。

2.2.1 性质描述语法定义

ITL 的语法见表 2-8。

表 2-8　区间时序逻辑的语法定义

项	Term	::=	$c \mid v \mid f(T_1, \cdots, T_n) \mid L$
公式	Formula	::=	TRUE | FALSE | $p(T_1, \cdots, T_n)$ | NOT Formula | F_1 AND F_2 | F_1 OR F_2 | $F_1 {}^\frown F_2$
F 算子	F(Formula)	::=	TRUE ~ (Formula ~ TRUE)
G 算子	G(Formula)	::=	NOT (F (NOT Formula))

ITL 公式的项是常量(c)、变量(v)或函数符号(f),其中 L 是一个特殊的变量,表示区间的长度。ITL 的公式是项或公式的逻辑组合。其中 $F_1 {}^\frown F_2\phi$ 表示一个可以分为两个部分的区间,F_1 在前一部分的区间上成立,F_2 在后一部分的区间上成立,"$^\frown$"称为 chop 算子。时序逻辑中的 G 算子和 F 算子由 chop 算子定义。

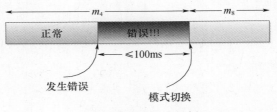

图 2-4　ITL 公式示例

图 2-4 描述了这样的场景:"当系统处于模式 m_4 时,如果发生错误,那么必须在100ms 内切换到模式 m_8"。经典的线性时态逻辑(LTL)无法完全刻画这一性质。LTL 公式为

$$G(m_4 \land \text{failure} \rightarrow F(m_8))$$

仅仅表示了"切换到模式 m_8"这一时序信息,而遗漏了"在 100ms 内"内这一区段信息。用 ITL 公式,可以精确地描述这一场景:

$$G\begin{pmatrix} (m_4 \land (\neg\, \text{failure}^\frown \text{failure})^\frown \text{TRUE}) \rightarrow \\ (m_4 \land (\neg\, \text{failure}^\frown (\text{failure} \land l \leqslant 100))^\frown m_8{}^\frown \text{TRUE}) \end{pmatrix}$$

2.2.2　性质描述语义解释

区间时序逻辑的语义定义在状态序列上。设状态序列 $S = s_0, s_1, \cdots, s_n, \cdots$,其中的每个状态均是变量到其取值的映射。区间时序逻辑的语义解释见表 2-9。

表 2 - 9　区间时序逻辑的语义解释

项的语义解释	
常量	$I(S, c) = c$
变量	$I(S, v) = s_0(v)$
函数	$I(S, f(T_1, \cdots, T_n)) = f(I(S, T_1), \cdots, I(S, T_n))$
区间长度	$I(S, L) = \begin{cases} j - i, & S = s_i, \cdots, s_j \\ 无穷, & S 是无穷状态序列 \end{cases}$
公式的语义解释	
常量	$I(S, \text{TRUE}) = \text{TRUE}$ $I(S, \text{FALSE}) = \text{FALSE}$
谓词	$I(S, p(T_1, \cdots, T_n)) = p(I(S, T_1), \cdots, p(S, T_n))$
否	$I(S, \text{NOT } F) = \text{NOT } I(S, F)$
合取	$I(S, F_1 \text{ AND } F_2) = I(S, F_1) \text{ AND } I(S, F_2)$
析取	$I(S, F_1 \text{OR} F_2) = I(S, F_1) \text{ OR } I(S, F_2)$
chop	$I(S, F_1 {}^\frown F_2) = \ni k \cdot I(s_0, \cdots s_k, F_1) \text{ AND } I(s_k, \cdots, F_2)$

2.2.3　性质描述模板

虽然区间时序逻辑适于描述周期控制系统的行为性质,但是对于领域工程师来说,直接使用区间时序逻辑公式描述性质过于冗长、繁琐。因此,本节在区间时序逻辑的基础上,考虑周期控制系统需求的特殊性、领域工程师的使用习惯等因素,设计了若干性质模板,见表 2 - 10。图 2 - 5 是表 2 - 10 中的性质模板的示意图。

表 2 - 10　ITL 性质模板

编号	ITL 公式	说明
1	$G((\neg p {}^\frown p {}^\frown \neg p) \rightarrow (\neg p {}^\frown (p \wedge l \geqslant t) {}^\frown \neg p))$	如果性质 p 成立,那么至少连续成立 t 个时间单位
2	$G((\neg p {}^\frown p {}^\frown \neg p) \rightarrow (\neg p {}^\frown (p \wedge l \leqslant t) {}^\frown \neg p))$	如果性质 p 成立,那么最多连续成立 t 个时间单位
3	$G\begin{pmatrix} (\neg p {}^\frown (p \wedge \neg q) {}^\frown \text{TRUE}) \rightarrow \\ (\neg p {}^\frown (p \wedge \neg q \wedge l \leqslant t) {}^\frown q) \end{pmatrix}$	如果性质 p 从不成立变为成立,那么至多经过 t 个时间单位,性质 q 也会成立
4	$G\begin{pmatrix} (\neg p {}^\frown (p \wedge l \geqslant t_1) {}^\frown \text{TRUE}) \rightarrow \\ (\neg p {}^\frown p \wedge ((p \wedge \neg q \wedge l \leqslant t_2) {}^\frown q)) \end{pmatrix}$	如果性质 p 持续成立至少 t_1 个时间单位,那么最多经过 t_2 个时间单位,性质 q 也会成立

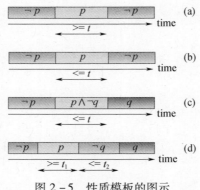

图 2 - 5　性质模板的图示

(a)模板 1;(b)模板 2;(c)模板 3;(d)模板 4。

除了方便工程师撰写性质之外,使用性质模板的另一个好处是提高了验证的效率。如果直接按照区间时序逻辑的语言实现验证算法,则其效率是低下的,时间复杂度级别是 $O(n^l)$,其中 n 是状态序列中的状态数,l 是待验证的公式中的 Chop 算子的个数。进行验证时,根据模板本身的特点,可以减少不必要的计算。

2.3　分析与验证方法

2.3.1　类型检查

需求文档必须满足一定的格式要求。满足格式要求的文档未必能保证软件模型的正确。软件模型正确的首要条件是类型正确,这一要求通过类型检查加以实现。类型检查主要包括下列规则:① 不得使用不存在的实体;② 操作符与操作数应匹配;③函数的实参应与函数签名匹配;④其他与 SPARDL 领域特征有关的要求。

SPARDL 中的变量包括标量和矩阵两大类。标量的类型以及矩阵的元素的类型包括整数、布尔值和浮点数,变量之间的运算被抽象地定义为各种函数。在定义 SPARDL 模型的语义之前,首先给出类型规则,以避免语义推导时,出现推导规则不能处理的情况。

SPARDL 的类型分为,标量类型(T_S)、矩阵类型(T_M)、函数类型(T_F)和模块类型(Module)见表 2 - 11。标量类型包括整型、浮点型和布尔型三种。矩阵类型是一个三元组:第一元表示矩阵中的元素的类型,是标量类型;第二元和第三元分别表示矩阵的行数和列数,是大于零的整数。模块类型表示实现控制算法的各个模块。参数化矩阵是在矩阵类型的基础上,将矩阵的行数和(或)列数参数化。这种类型用于描述函数的参数的类型。参数类型(ＴＰ)是标量类型、矩阵类型或参数化矩阵,用于描述函数类型。

表 2-11 类型定义

(类型)	T	$\hat{=}$	$T_S \mid T_M \mid T_F \mid \text{Module}$
(标量)	T_S	$\hat{=}$	$\text{Bool} \mid \text{Int} \mid \text{Float}$
(矩阵)	T_M	$\hat{=}$	$(T_P \times m \times n)$
			其中 $m, n \in N_{\geqslant 0}$
(参数)	T_P	$\hat{=}$	$T_S \mid T_M$
(函数)	T_F	$\hat{=}$	$T_P, \cdots, T_P \rightarrow T_P$
(抽象矩阵)	T_{MA}	$\hat{=}$	$(T_P \times x \times y)$
			其中 x, y 是自由符号
(抽象参数)	T_{PA}	$\hat{=}$	$T_S \mid T_M \mid T_{PA}$
(抽象函数)	T_{FA}	$\hat{=}$	$T_{PA}, \cdots, T_{PA} \rightarrow T_{PA}$

函数类型定义在参数类型的基础上,阐明了函数的输入参数和返回值的类型,这些类型本身可以是参数化的类型。例如,矩阵乘法运算($*$):

$$* : \exists m, n, k : N_{\geqslant 0} \cdot (T, m, n)(T, n, k) \rightarrow (T, m, k)$$

定义了一个参数化的函数类型。它有两个输入参数:第一个是参数化矩阵类型,其行数和列数分别由参数 m、n 表示;第二个是参数化矩阵类型,其行数和列数分别由参数 n、k 表示。返回值的类型是参数化矩阵类型,其行数和列数分别由参数 m、k 表示。

SPARDL 允许不同类型的变量表达式之间进行赋值,因此需要隐式类型转换。标量类型之间的子类关系和矩阵类型之间的子类关系由下列规则定义:

$$\text{Bool} < \text{Int}, \text{Int} < \text{Float}, \frac{T_1 < T_2}{(T_1, m, n) < (T_2, m, n)}$$

SPARDL 允许局部变量,且不要求说明局部变量的类型。这样,在做类型检查时,就需要推导局部变量的类型。对于无类型标识(no type annotation)的变量,假设其类型标识是 (X, y, z),其中 $X \in \{\text{Bool}, \text{Int}, \text{Float}\}$,为了运算方便,用 1 表示 Bool,2 表示 Int,3 表示 Float。y 和 z 的取值范围是正整数。类型推导的目的是确定 X、y、z 的取值。如果推导的结果是 $y = 1, z = 1$,那么说明这个变量的类型是标量,否则说明这个变量的类型是矩阵。类型推导通过类型规则加以实现,在应用类型规则时,将生成关于 X、y、z 的约束。

得到约束后,求解之。如果无解,则说明存在类型错误。如果有解,则根据得到的解确定局部变量的类型。

下面给出一个类型推导的例子。考虑下列程序段：

$$
\begin{array}{l}
\text{local } a, b; \\
a := x + y; \\
b := x - y; \\
\text{return } a * b;
\end{array}
$$

其中：x 和 y 是全局标量类型，且类型均为 Float。首先设 a 的类型是 (X_1, y_1, z_1)，b 的类型是 (X_2, y_2, z_2)；然后应用类型规则。第一行的赋值语句，得到约束

$$
\begin{cases}
X_1 = 3 \\
y_1 = 1 \\
z_1 = 1
\end{cases}
$$

第二行的赋值语句，得到约束

$$
\begin{cases}
X_2 = 3 \\
y_2 = 1 \\
z_2 = 1
\end{cases}
$$

第三行的乘法操作，得到约束 $z_1 = y_2$。这组约束有解，结果是 a 和 b 的类型均为 Float 型标量。

2.3.2 数据流分析

数据流分析的目的是揭示 SPARDL 模型中各个部分之间的数据依赖关系。包括下列五项需求：

（1）分析模式的输入和输出。

（2）分析模式的初始化模块的输入和输出。

（3）分析模式的输出变量受到哪些输入变量的影响。

（4）分析模式中两个模块之间的影响。

（5）分析模式中模块的输入是否准备好。

为了实现数据流分析，还定义了数据流图（DFG）：

$$
\text{DFG} :: = (\text{Vars}, \text{Nodes}, \text{Edges}, n_s, n_e, \text{use}, \text{def})
$$

其中：Vars 是变量集合；Nodes 是 DFG 中的节点集合；Edges $\subset$ Nodes $\times$ Nodes 是边的集合；$n_s, n_e \in$ Nodes 分别是起始节点和终止节点；use，def $\in$ Nodes$\rightarrow 2^{\text{Vars}}$ 分别表示节点上被使用的、被定义的变量集合。

图 2-6 展示了一段 SPARDL 中的控制流对应的数据流图。

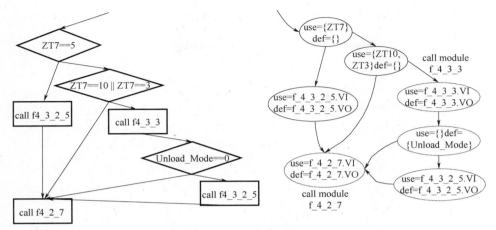

图 2-6　数据流图示例

为了解决前述的五个需求,首先定义数据流图的输入/输出关系,即从入口到指定的节点,可能的输入/输出变量集合:

$$\text{Output}(n) = \Big(\bigcup_{n' \in \text{pre}(n)} \text{Output}(n') \Big) \cup \text{def}(n)$$

$$\text{Input}(n) = \Big(\bigcup_{n' \in \text{pre}(n)} \text{Input}(n') \Big) \cup \Big(\bigcup_{n' \in \text{pre}(n)} (\text{use}(n) \backslash \text{Output}(n')) \Big)$$

通过求解这两个方程的不动点,可以回答前两个问题。为了给出变量之间的影响关系,先定义影响关系 Affect:

$$\text{Affect}: \text{Nodes} \rightarrow (\text{Vars} \rightarrow 2^{\text{Vars}})$$

以及 Affect 关系的两种复合运算,设 $r_e^1, r_e^2 \in \text{Affect}$,则有

$$(r_e^1 \cup r_e^2)(x) = r_e^1(x) \cup r_e^2(x)$$

$$(r_e^1 \circ r_e^2)(x) = \Big(\bigcup_{v \in r_e^2(x)} r_e^1(v) \Big) \cup (r_e^1 \oplus r_e^2)(x)$$

其中

$$(r_e^1 \oplus r_e^2)(x) = \begin{cases} r_e^1(x), & x \notin \text{dom}(r_e^2) \\ r_e^2(x) \backslash \text{dom}(r_e^1), & x \in \text{dom}(r_e^2) \end{cases}$$

在此基础上,定义 Affect 关系如下:

$$\text{affect}(n)(x) = \begin{cases} \text{use}(n), & x \in \text{def}(n) \\ \varnothing, & x \notin \text{def}(n) \end{cases}$$

$$\text{Affect}(n) = \Big(\bigcup_{n' \in \text{pre}(n)} \text{Affect}(n') \Big) \circ \text{affect}(n)$$

通过求解 Affect 方程的不动点,可以解决需求(3)。需求(4)和需求(5)描述为关于 Input/Output 和 Affect 的谓词。需求(4)对应的谓词 dependency 定义如下:

$$dependency(n_1, n_2) = \bigvee_{n' \in pre(n_2)} ((\bigcup_{v \in use(n_2)} Affect(n')(v)) \cap Output(n_1) \neq \emptyset)$$

其中:n_1、n_2分别为两个模块的调用语句对应的 DFG 节点。

需求(5)对应的谓词 ready 定义如下:

$$ready(n) = \bigwedge_{n' \in pre(n)} (use(n) \subset Output(n'))$$

其中:n 表示模块调用语句对应的 DFG 节点。

数据流分析是常用的静态分析技术之一,被广泛地应用于编译优化、模型检查、软件测试等领域。引入数据流图的概念,并在此基础上开发了基于方程不动点的数据流分析问题求解方法。与其他研究者的工作相比,SPARDL 关注更加泛化的数据流关系。例如,F. Nielson 等人在《程序分析原理》中提到的数据流分析方法仅仅关注变量之间的直接赋值关系,而 SPARDL 则将赋值关系视为一种传递关系,关心变量之间的间接影响。

2.3.3　原型生成与快速仿真

根据 SPARDL 形式化模型,可以生成原型代码,然后编译产生可执行程序。这样,在需求分析阶段,软件工程师就可以方便地观察软件的动态行为。图 2-7 为原型生成与快速仿真。

作为嵌入式控制软件的模型,SPARDL 系统的行为不仅由其自身决定,还依赖于环境,即敏感器的输入和执行机构的动作。SPARDL 建模语言本身并没有提供描述敏感器和执行机构的建模元素,仅通过数据字典标注了来自敏感器输入的只读变量和发送到执行机构的只写变量。敏感器和执行机构的行为通过物理环境模拟器加以模拟。自动生成的 C 程序代码,依赖于物理环境模拟器。在实践中,物理环境模拟器以动态链接库的形式由控制工程师提供。在生成 C 程序代码进行模拟的方法中,C 程序代码将调用动态链接库中提供的物理环境模拟器的接口。在解释执行的方法中,解释器在运行时动态加载物理环境模拟器,并调用其中的接口。

SPARDL 模型的一个特色是时间谓词,即时间谓词的真假不仅依赖于系统的当前状态,而且依赖于系统的历史状态,这一特色不被 C 语言直接支持。为了判断一个时间谓词是否成立,没有必要完整地记录历史状态,而只需要关注这个时间谓词中的布尔表达式在各个历史状态中是否成立。因此,可以为每个时间谓词设置一个计时器,用于记录它的布尔表达式在历史状态序列中的成立时段的长度。

SPARDL 模型抽取的输入是软件工程师用微软 Word 工具撰写的需求文档。需求文档由自然语言和伪代码构成,因此对需求文档有严格的格式要求。

SPARDL 模型抽取分为两个步骤:

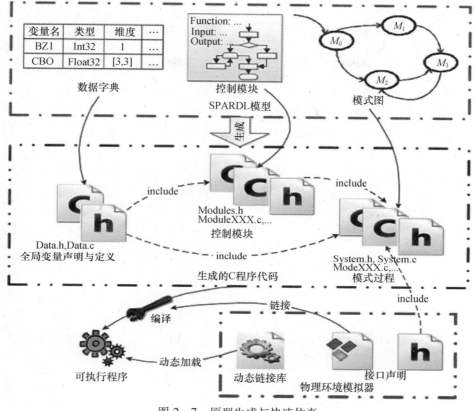

变量名	类型	维度	…
BZ1	Int32	1	…
CBO	Float32	[3,3]	…

数据字典　　　　　控制模块　　　　　模式图

SPARDL模型

生成

include　　　　　　　　　include

Data.h,Data.c　　　　Modules.h　　　　System.h, System.c
全局变量声明与定义　ModuleXXX.c,...　ModeXXX.c,...
　　　　　　　　　控制模块　　　　　模式过程

include

生成的C程序代码

链接

include

编译

可执行程序　　　动态加载　　　动态链接库　　　接口声明
　　　　　　　　　　　　物理环境模拟器

图 2-7　原型生成与快速仿真

（1）利用微软公司提供的 C#编程接口 Microsoft. Office. Interop. Word 获取用 Word 撰写的文档内容,并从自然语言中添加一些关键字在文档中,保留其他一切不变,将其输出为 SPARDL 语法规定的文本。这些添加的关键字可以很容易地被系统工程师接受,使嵌入式周期控制系统的需求规范化。本章中的模式抽取的输入就是 SPARDL 语法规定的文本。

作为 SPARDL 语法规定的文本,该文档有清晰的结构和自己的特色,主要由三个部分构成:

描述了嵌入式周期控制系统所使用的全部变量;描述了嵌入式周期控制系统所有的运动学算法;描述了嵌入式周期控制系统的模式。

（2）利用语法分析工具 Anltrworks 解析步骤（1）输出的符合 SPARDL 语法规定的文本,并将其解析为 SPARDL 模型。该 SPARDL 语法产生式经过测试,已确保无误和无二义性,并可解析需求文档上的所有信息,解析出的 SPARDL 模型也能捕获所有出现在文档上的信息,体现嵌入式周期控制软件的特性。Anltrworks 会自动生成 SPARDL 词法与语法解析接口,以便进行 SPARDL 模型的构建。

Anltrworks 的输出是一个树状结构图,结构图捕获了所有需求文档上的信息,根据树状结构图的结构特色,利用 Anltrworks 给出的词法与语法解析接口对树状结构图进行解析、构造,最终输出为 SPARDL 模型中的元素,进而完成 SPARDL 模型的构造。

在对树状结构图进行解析、构造成 SPARDL 模型的过程中,不断对 SPARDL 模型结构进行完善,确保其符合 SPARDL 建模语言的特征,更好地体现嵌入式周期控制系统的特性。

图 2 - 8 显示了解析、构造 SPARDL 模型的实现和最终形成的 SPARDL 模型结构。

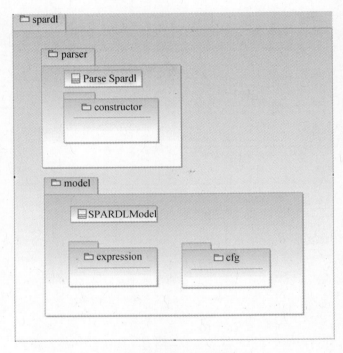

图 2 - 8　SPARDL 模型结构①

解析包 parser 包含构造 SPARDL 模型元素的构造包 constructor。构造包包含了 SPARDL 中各个元素的构造类和一个构造过程,在构造过程中利用了 JAVA 反射原理进行实现。针对 SPARDL 中矩阵元素的构造,由于文档允许矩阵的拼接表示,为了使构造过程更具有广泛性,设计了动态矩阵,从而对维度不匹配的矩阵进行拼接时实现自动补齐。

表 2 - 12 列出了矩阵水平拼接。

042

表 2 – 12　矩阵水平拼接

$m_1 := \begin{bmatrix} 1 & 0 \end{bmatrix}$	$m_3 := \begin{bmatrix} 1 & 0 & 1 & 1 \\ 0 & 0 & 1 & 1 \end{bmatrix}$
$m_2 := \begin{bmatrix} 1 & 1 \\ 1 & 1 \end{bmatrix}$	
$m_3 := \begin{bmatrix} m_1, m_2 ; \end{bmatrix}$	

表 2 – 13 列出了矩阵垂直拼接。

表 2 – 13　矩阵垂直拼接

$m_1 := \begin{bmatrix} 1 & 0 & 0 \\ 0 & 1 & 1 \end{bmatrix}$	$m_3 := \begin{bmatrix} 1 & 0 & 0 \\ 0 & 1 & 1 \\ 1 & 1 & 0 \\ 1 & 1 & 0 \end{bmatrix}$
$m_2 := \begin{bmatrix} 1 & 1 \\ 1 & 1 \end{bmatrix}$	
$m_3 := \begin{bmatrix} m_1 ; m_2 ; \end{bmatrix}$	

图 2 – 9 示出了 SPARDL 模型的结构。

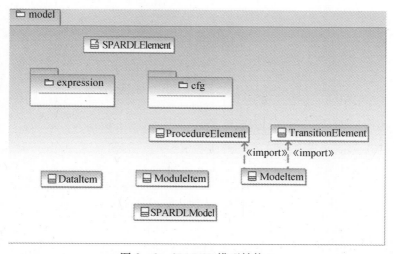

图 2 – 9　SPARDL 模型结构 2

　　模型包 model 包含 SPARDL 模型的组成结构。其中,表达式包 expression 包含了 SPARDL 模型中的所有表达式基本元素,控制流包 cfg 包含了 SPARDL 模型中的所有控制流基本元素,这两个包是 SPARDL 模型的基础。

　　图 2 – 10 和图 2 – 11 分别示出了 SPAROL 模型表达式包和控制流包的基本元素。

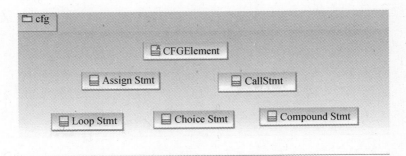

图 2-10　SPARDL 模型表达式色的基本元素

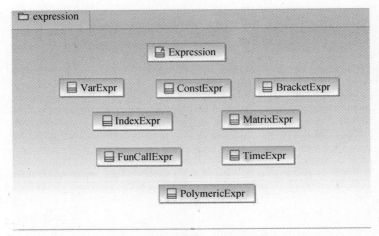

图 2-11　SPARDL 模型控制流色的基本元素

　　SPARDL 模型中，DataItem 描述了 SPARDL 模型中数据字典中的每个变量的信息，ModuleItem 描述了 SPARDL 模型中每个模块的信息，ModeItem 描述了 SP-ARDL 模型中每个模式的信息，每个模式都有一系列计算流程 ProcedureElement 和一系列迁移过程 TransitionElement。最终，SPARDLModel 就是构建出的 SP-ARDL 模型，它包含三个容量器，分别构成了数据字典、模块和模式。

　　生成 C 语言代码时，时间谓词被转化为函数调用。预先定义函数 after 和 duration 分别处理 after 谓词和 duration 谓词。图 2-12 展示了这两个函数。函数的第一个参数 guard 是一个整型量，用于表示时间谓词中的布尔表达式 b 在当前状态的真假；第二个参数 bound 的类型是浮点型，对应于时间谓词中的 1；第三个参数也是浮点型，表示当前最内层模式的周期长度；第四个参数是一个整型量，表示时间谓词的编号，用于区分不同的时间谓词。每个出现在 SPARDL 模型中的时间谓词都被转化为对函数 after 和 duration 的调用。数组 cnt_a 和 cnt_d 是时间谓词的计时器。这两个数组的长度分别是 SPARDL 模型中出现的 after

谓词和 duration 谓词的数目。

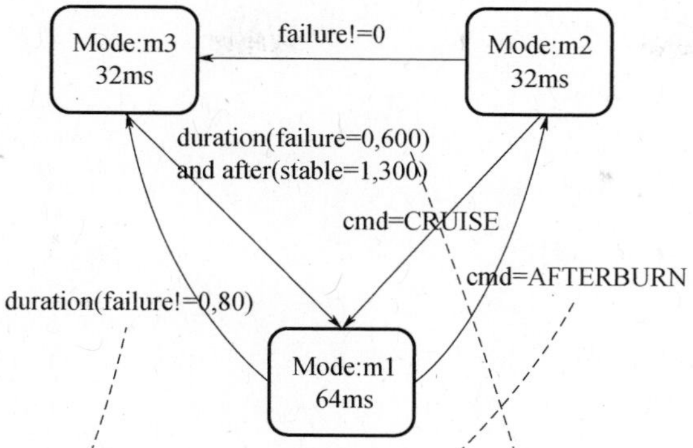


```
void mode_1_transition ()
{
    if (duration(failure !=0, 0.08, 0.064, 0))
    {
        mode_flag = 3;
    }
    else if (cmd == AFTERBURN)
    {
        mode_flag = 2;
    }
}
```

```
vlid mode_3_transition()
{
    if  (duration(failure = 0, 0.6, 0.032, 1)
        && after (stable = 1, 0.3, 0.032, 0))
    {
        mode_flag=1;
    }
}
```

```
float clock_a [1] =  {0. 0f};

int after(int b,
          float bound,
          float periodLen,
          int idx)
{
    if (clock_a [idx] > 0. 0f)
    {
        clock_a[idx] += periodLen;
        if (clock_a [idx] >= bound)
        {
            clock_a[idx] = 0. 0f;
            return 1;
        }
    }
    else
    {
        if (b != 0)
            clock_a[idx] += periodLen;
    }
    return 0;
}
```

```
float clock_d[2] = {0. .f};

int duration (int b,
              float bound,
              float periodLen,
              int idx)
{
    if (b != 0)
    {
        clock_d[idx] += periodLen;
        if (clock_d[idx] >= bound)
        {
            clock_d[idx] = 0. 0f;
            return 1;
        }
    }
    else
    {
        clock_d[idx] = 0. 0f;
    }
    return 0;
}
```

图 2－12　时间谓词转化为 C 程序代码

许多建模工具都支持从模型生成代码。例如 MATLAB、RT－CASE、Giotto

等。与其他工具相比,SPARDL 提供了针对航天嵌入式领域特点的建模元素。因此,生成的代码具有较高的可读性和可用性。

2.3.4　随机语义

随机模型是近年来较为流行的建模、分析与验证技术。经典的随机模型包括马尔可夫链、随机过程等。时间自动机作为一个非确定迁移系统,也有随机特性的扩展。时间自动机在一个位置的延迟时间的上限由该位置的不变式确定,下限由从该位置出发的迁移条件确定,因此可以将时间自动机在该位置的延迟视为取值在下限到上限之间的一个随机变量。还有一些工作是将已有的非确定模型扩展为概率模型,即在非确定选择算子上增加概率,以便更加精细地描述系统的行为。

航天嵌入式控制软件是一个非线性混成系统,区间时态逻辑较一般的时态逻辑也更为复杂。经典的模型检查算法难以处理这种复杂的问题,因此考虑引入概率模型检查方法。

为了说明概率模型检查方法的合理性,首先引入了 SPARDL 的随机语义。模式图是一个确定性系统,给定系统的初始状态及其运行环境,模式图的行为就是确定的。但是,在检查模式图是否满足区间时序逻辑性质时,有两个原因将随机因素引入模式图:第一,需求文档并不会一一列举每一个初始状态,而是给定初始状态的取值范围,即初始状态在给定的范围内随机地取值;第二,作为一种反应式系统,模式图的行为受到外界环境的影响。外界环境被视为“黑盒”,即每次采样,随机地更新输入变量的值。因此,模式图开始运行时,每个变量的取值是一个符合一定概率分布的随机变量。模式图在每个周期进行数据采集时,输入变量的值被更新为新的随机变量。

在概率语义下,变量的初始值和来自敏感器的采样均视为随机变量,设随机变量集合 $\mathrm{Vars} = \{X_1, X_2, \cdots\}$,则随机变量表达式的集合 Poly 是定义在 Vars 上的多项式,即

$$\mathrm{Poly} = \left\{ \sum_{i=1,2,\cdots} \left(c_i \prod_{j=1,2,\cdots} X_i^{k_j} \right) \mid X_i \in \mathrm{Vars}, c_i \in \mathbf{R} \right\}$$

这里假设 Vars 中的随机变量均相互独立。

由于模式图支持矩阵类型的变量,因此模式图中的变量的取值空间不仅是随机变量表达式构成的集合,而且包括以 Poly 中的元素作为矩阵元素的矩阵空间。因此,概率语义下变量的取值空间定义为

$$\mathrm{Val}_S \hat{=} \mathrm{Poly} \cup \mathrm{Pol} \, y^{m \times n} \, (m = 1, 2, \cdots; n = 1, 2, \cdots)$$

给定变量集合 V,它的语义可以用一个变量赋值 s 来表示:

$$s : V \mapsto \mathrm{Val}_S$$

是从变量名到取值的映射。

令 State_S 表示 V 所有的变量集合到取值空间的映射

$$\mathrm{State}_S \hat{=} V \mapsto \mathrm{Val}_S$$

考虑到有些变量的取值是常量,为了避免类型不一致,使用单点分布的随机变量表示常量。

作为一个硬实时系统,每个状态都有一个时间戳。在 2.1.2 节的语义解释中,使用特殊变量 timestampe 表示时间戳,即给定状态 $\sigma \in \mathrm{State}$,该状态的时间戳是 $\sigma(\mathrm{timestampe})$。概率状态的值域不再是实数空间,而是随机变量表达式空间 Poly,但是时间戳在实数空间取值。为了避免类型不一致,采取处理常量的方式,将时间戳变量的概率取值视为单点分布函数,即在该时间点的概率是 1,其余的概率是 0。例如,设状态 $\sigma' \in \mathrm{State}_S$ 的时间戳是 t,则它对应的概率分布函数 $\sigma'(\mathrm{timestampe})$ 为

$$\sigma'(\mathrm{timestampe})(x) = \begin{cases} 1, & x = t \\ 0, & x \neq t \end{cases}$$

为了表示方便,在不引起歧义的情况下,如果没有特殊说明,这里用 $\sigma'(\mathrm{timestampe}) = t$ 表示时间戳变量对应的概率分布中,概率为 1 的取值。

为了估算系统中特定状态可达的概率,本章在随机表达式集合 Poly 的基础上,构建路径约束的概念。路径约束是程序变量构成的(不)等式组,根据给定的概率状态 $\sigma' \in \mathrm{State}_S$,变换得到的概率多项式的(不)等式组 $\bigwedge_{i=1,2,\cdots}, p_i \geqslant 0$,其中 $p_i \in \mathrm{Poly}$。记 PCs_{sto} 表示定义在随机变量集合 Vars 上的路径约束所构成的集合

$$\mathrm{PCs}_{sto} \hat{=} \{ \bigvee_{i=1,2,\cdots,m} (\bigwedge_{j=1,2,\cdots,n} p_{i,j} \geqslant 0) \mid p_{i,j} \in \mathrm{Poly} \}$$

对于一个概率路径约束 $C \in \mathrm{PCs}_{sto}$,如果将其中的随机变量视为普通变量,那么可以将 C 视为若干不等式(组)。谓词 $\mathrm{satisfiable}(C)$ 表示这些不等式(组)是否有解。约束 C 的每个合取子式 C_i 都是一个(不)等式组。谓词 $\mathrm{satisfiable}(C)$ 的定义如下:

$$\mathrm{satisfiable}(C_1 \vee C_2 \vee \cdots \vee C_m) \hat{=} (\bigvee_{i=1,\cdots,m} \mathrm{solution}(C_i)) \neq \emptyset$$

其中:$\mathrm{solution}(C_i)$ 表示(不)等式组的解。

对于一个概率路径约束 C,其成立的概率定义如下:

$$\mathrm{Pr}(C) = \int_{x \in D} (\prod f_i(x)) \mathrm{d}x$$

其中:D 为约束 C 对应的区域,$f_i(x)$ 为约束 C 中涉及的各个随机变量的联合密度函数。

在概率语义下,路径约束 C 被解释为在给定的概率状态下,约束 C 成立的

可能性。下面给出一个约束概率解释的例子：

设随机变量集合 Vars = $\{X_1, X_2\}$，集合中的变量X_1, X_2均服从$[0,1]$上的均匀分布，状态空间如下：

$$s = \{x \mapsto X_1, y \mapsto X_2\}$$

则逻辑公式 $x + y \geq 0.5$ 在概率状态 s 上成立的概率为 87.5%。计算过程如下：

$$
\begin{aligned}
\Pr(X_1 + X_2 - 0.5 \geq 0) &= \iint\limits_{D} 1 \cdot 1 \mathrm{d}x \mathrm{d}y \\
&= \int_0^{0.5} \left(1 \cdot \int_{0.5-x}^{1}(1)\mathrm{d}y\right)\mathrm{d}x + \int_{0.5}^{1}\left(1 \cdot \int_0^1 (1)\mathrm{d}y\right)\mathrm{d}x \\
&= 0.375 + 0.5 = 0.875
\end{aligned}
$$

其中

$$D = \{(x,y) \mid 0 \leq x \leq 1 \wedge 0 \leq y \leq 1 \wedge x + y \geq 0.5\}$$

在概率状态 States 和路径约束 PCs_{sto} 的基础上，模式图 MD 的概率语义空间定义如下：

$$\text{Config} ::= (\text{MD}, m, l, \text{pc}, k, \Sigma, \text{Cs})$$

其中：MD、m、l、pc、k 与 2.1 节中对应的符号含义相同，Σ 仍然代表系统状态序列，但是由具体状态变为概率状态，即 $\Sigma_i \in \text{States}$；$\text{Cs} \in \text{PCs}_{\text{sto}}$ 表示路径约束。

状态表达式在概率语义空间上的解释 $\text{eval}_{\text{sto}} : \text{SExpr} \times \text{States} \mapsto \text{Poly}$ 将给定的变量概率状态 $\sigma \in \text{States}$ 和状态表达式 e 映射到概率表达式集合 Poly 中的一个元素。布尔表达式则被解释为区间$[0 \cdots 1]$上的一个值，表示该表达式成立的概率。记号 $\sigma, \text{Cs} \models b \Uparrow p$ 表示在给定的概率状态 $\sigma \in \text{States}$ 和概率路径约束 $\text{Cs} \in \text{PCs}_{\text{sto}}$ 上，布尔表达式 b 成立的概率是 p，其定义如下：

$$
\sigma, \text{Cs} \models b \Uparrow p \,\hat{=}\,
\begin{cases}
\dfrac{\Pr(\sigma(b) \wedge \text{Cs})}{\Pr(\text{Cs})} = p & \Pr(\text{Cs}) \neq 0 \\
0 & \Pr(\text{Cs}) = 0
\end{cases}
$$

卫式也可解释为区间$[0 \cdots 1]$上的一个值，表示该卫式成立的概率。由于卫式中的时序算子 duration 和 after 的参数 l 本身也可能包含概率变量，因此，需要将含有时序算子的卫式降解为仅含有布尔表达式的卫式，然后套用表达式的概率解释。

函数 $\text{untime}(\Sigma, g)$ 将含有时间谓词（duration/after）的卫式化为仅含有布尔谓词的卫式，并将其中的程序变量代换为符号，其定义如下：

$$\text{untime}(\Sigma, e) = \Sigma_n(e)$$

$$\text{untime}(\Sigma, \text{duration}(b, l)) = \bigvee_i^{n-1}\left(\text{bound} \wedge \bigwedge_{j=i}^{n}\Sigma_j(b)\right)$$

$$\text{untime}(\Sigma, \text{after}(b, l)) = \bigvee_i^{n-1}\left(\text{bound} \wedge \Sigma_i(b)\right)$$

其中 bound $\hat{=}$ $(\Sigma_n(\text{ts}) \geqslant \Sigma_i(\text{ts}) + \Sigma_n(l)) \wedge (\Sigma_n(\text{ts}) + \Sigma_{i+1}(\text{ts}) \geqslant \Sigma_n(l))$

untime$(\Sigma, \neg g) = \neg$ untime(Σ, g)

untime$(\Sigma, g_1 \vee g_2) =$ untime$(\Sigma, g_1) \vee$ untime(Σ, g_2)

untime$(\Sigma, g_1 \wedge g_2) =$ untime$(\Sigma, g_1) \wedge$ untime(Σ, g_2)

时间卫式则按照其具体语义,转换为关于持续时间(l, bound)和状态约束(b)的合取。其余布尔组合$(\neg$ 、$\vee$ 、$\wedge)$则先处理其子式,再将处理结果做布尔组合。根据状态序列中的当前状态,将其中的程序变量代换为符号值即可。这样得到的结果是关于符号多项式的命题逻辑公式,按照命题逻辑转换为析取范式的方法,可以将其转换为路径约束的形式。

记号 $\Sigma, \text{Cs} \vDash g \Uparrow p$ 表示卫式在概率空间中的语义解释,在给定的概率状态序列 Σ 和概率路径约束 Cs 上,卫式 g 成立的概率是 p。该解释的方法首先利用 untime(Σ, g) 函数将卫式代换为命题逻辑公式。差异在于,本节的命题逻辑中的原子命题是概率多项式。因此,卫式的语义解释定义如下:

$$\Sigma, \text{Cs} \vDash g \Uparrow \text{p} \hat{=} \begin{cases} \dfrac{\text{Pr}(\text{untime}(\Sigma, g) \wedge \text{Cs})}{\text{Pr}(\text{Cs})} = p, & \text{Pr}(\text{Cs}) \neq 0 \\ 0, & \text{Pr}(\text{Cs}) = 0 \end{cases}$$

确定了概率语义空间以及状态表达式和卫式的概率语义之后,可以给出模式级别的概率语义规则。推理规则的形式如下:

$$\frac{g}{C \xrightarrow{\quad p \quad} C'}$$

其中:g 是应用推理规则的条件;$C, C' \in$ Config 用于描述 SPARDL 模型在语义空间中的状态变迁;$p \in [0, 1]$ 表示发生该迁移的概率。

整个迁移系统中的 Config 是可数的,这些 Config 构成一个马尔可夫链。

2.3.5 概率模型检查

讨论了 SPARDL 的建模语言、模式图的概率语义之后,为了实现它的概率模型检查,还需要定义 SPARDL 的性质描述语言(ITL)的概率解释。

在 2.2.2 节中,区段是一个状态序列。在本节,区段由一个有限概率状态序列及相应的路径约束 CS $\in$ PCs$_{\text{sto}}$ 组成:

$$\Sigma = \sigma_0 \cdot \cdots \cdot \sigma_n$$

其中:$\sigma_i \in$ States$_S$。

ITL 公式在该区段的解释是 $[0..1]$ 上的一个值,表示该公式成立的概率。

记号 $\Sigma, \text{Cs} \vDash \phi \Uparrow p$ 的含义是,在概率状态序列 Σ 及路径约束 Cs 组成的概率区段上,公式 ϕ 成立的概率为 p,具体定义如下:

$$\Sigma, \text{Cs} \vDash \phi \Leftrightarrow \begin{cases} \dfrac{\Pr(\text{elim}(\Sigma, \phi) \wedge \text{Cs})}{\Pr(\text{Cs})} = p, & \Pr(\text{Cs}) \neq 0 \\ 0, & \Pr(\text{Cs}) = 0 \end{cases}$$

其中:$\text{elim}(\Sigma, \phi)$ 根据概率状态序列 Σ 消解 ITL 公式 ϕ 中的时序算子,并将程序变量代换为随机变量。定义如下:

$$\text{elim}(\Sigma, p(\theta_1, \cdots, \theta_n)) = p(\sigma_0(\theta_1), \cdots, \sigma_0(\theta_n))$$

$$\text{elim}(\Sigma, \neg \phi) = \neg \, \text{elim}(\Sigma, \phi)$$

$$\text{elim}(\Sigma, \phi_1 \wedge \phi_2) = \text{elim}(\Sigma, \phi_1) \wedge \text{elim}(\Sigma, \phi_2)$$

$$\text{elim}(\Sigma, \phi ; \psi) = \bigvee_{i=0,\cdots,n-1}(\text{elim}(\sigma_0 \cdot \cdots \cdot \sigma_i, \phi) \wedge \text{elim}(\sigma_{i+1} \cdot \cdots \cdot \sigma_n, \psi))$$

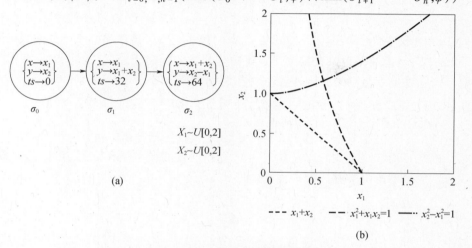

图 2 – 13　ITL 的概率解释示例

(a)概率状态序列;(b)约束曲线。

设路径约束为 true,考虑 ITL 公式

$$f = x + y \geqslant 1 \cap x \cdot y \leqslant 1$$

在图 2 – 13(a)的状态序列的解释,按照定义:

$$\begin{aligned} \text{elim}(\sigma_0 \sigma_1 \sigma_2, f) &= \text{elim}(\sigma_0, x + y \geqslant 1) \wedge \text{elim}(\sigma_1 \sigma_2, x \cdot y \leqslant 1) \vee \\ &\quad \text{elim}(\sigma_0 \sigma_1, x + y \geqslant 1) \wedge \text{elim}(\sigma_2, x \cdot y \leqslant 1) \\ &= X_1 + X_2 \geqslant 1 \wedge X_1 \cdot X_1 + X_1 \cdot X_2 \geqslant 1 \vee X_1 + X_2 \\ &\geqslant 1 \wedge X_2 \cdot X_2 - X_1 \cdot X_1 \geqslant 1 \end{aligned}$$

公式在该区间上成立的概率为

$$\Pr(f) = \iint_D \frac{1}{2} \cdot \frac{1}{2} \, \mathrm{d}X_1 \mathrm{d}X_2$$

其中

$$D = \{(X_1, X_2) \mid X_1 + X_2 \geqslant 1 \wedge X_1 \cdot X_1 + X_1 \cdot X_2 \geqslant 1 \vee X_1 + X_2 \geqslant 1 \wedge X_2 \cdot X_2$$

$-\boldsymbol{X}_1 \cdot \boldsymbol{X}_1 \geqslant 1 \}$

图 2 - 13（b）展示了路径约束对应的三条曲线,因此上述概率的计算结果为

$$\Pr(f) = \frac{1}{4}\Big(\int_0^{\frac{\sqrt{3}}{3}}\big(2 - \sqrt{1 + X_1^2}\big)dX_1 + \int_{\frac{\sqrt{3}}{3}}^1\Big(2 - \Big(\frac{1}{X_1} - X_1\Big)\Big)dX_1 + \int_1^2 dX_1\Big)$$

$$= \frac{3}{4} - \frac{1}{8}\text{arcsinh}\Big(\frac{1}{3}\sqrt{3}\Big) - \frac{1}{8}\ln 3 \approx 0.54402$$

给定 SPARDL 模型的 MD,按照本节定义概率语义,可以构造 MD 在概率语义下的区间集合 S,该集合中的元素是二元组(intv_i, p_i),其中 intv_i 表示区间,p_i 表示产生该区间的概率。则 ITL 公式 ϕ 在模式图 MD 上的概率解释是 MD $\models \phi \Uparrow p$,其中 p 是 ϕ 在 MD 上成立的概率,其计算方法为

$$p = \sum_{(\text{intv}_i, p_i) \in S} (p_i \cdot p'_i)$$

其中:$\text{intv}_i \models \phi \Uparrow p'_i$。

但是作为一个反应式系统,SPARDL 模型是不终止的,几乎不可能计算出完整的 S。因此,本节使用概率论中的参数估计和假设检验的方法,估算给定的性质在 MD 上成立的概率。

概率模型检查把性质 p 在模型的一次执行(一条路径)上是否成立视为一个服从两项分布的随机变量。概率模型检查主要考虑下列两个问题:

［1］估算在模型 M 的任意一条路径 t 上,$t \models p$ 的可能性,即参数估计 $\Pr\{t_r \models p\} = ?$

［2］判断上述可能性是否大于给定的阈值 θ,即假设检验 $\Pr\{t_r \models p\} \geqslant \theta$。

解决这两个问题的算法见表 2 - 14。

表 2 - 14　概率模型检验

```
过程:定量参数估计
输入:m: SPARDL 模型生成的程序,p: 性质,delta: 置信区间半长,e: 置信度
输出:prob: 性质 p 成立的概率
begin
N = (4 * log(1/delta)) / (e * e);
a = 0
for i: =1 to N do
    生成初始状态 s0
    执行 m,获得状态序列 tr
    if p 在 tr 上成立 then a = a + 1
end loop
return a / N
end
```

过程:定性参数检验

输入:m: SPARDL 模型生成的程序,p: 性质,prob: 性质 p 成立的概率,delta: 置信区间半长,e: 置信度

输出:是/否: 性质 p 在 m 上成立的概率是否大于 prob

```
begin
r = 0,p0 = prob + delta,p1 = prob - delta,
while true do
    生成初始状态 s0
    执行 m,获得状态序列 tr
    ifp 在 tr 上成立 then
        r = r + log(p1/p0)
    elser = r + log((1 - p1)/(1 - p0));
    if r <= log(beta/(1 - alpha)) then return Yes
    if r >= log((1 - beta)/alpha) then return No
end loop
end
```

注:alpha 和 beta 分别是假设检验的强度参数,可分别设为略大于 1 和略小于 1 的值

2.4 SPRADL 应用框架

本章介绍了一种面向航天器控制软件的需求建模语言,从需求描述、性质描述、分析与验证三个方面对该语言进行了描述。利用需求描述语言,能够有效减少需求分析文档的不一致问题、数据类型问题、二义性问题等常见问题,在软件研制前期减少错误,提高系统可信性。

在航天嵌入式软件研制的工程实践中,SPARDL 方法是需求分析工作中的重要方法,如图 2 - 14 所示。

控制工程师根据航天器的飞行任务,撰写用户需求,描述控制算法。软件工程师与控制工程师沟通,分析总结用户需求应满足的性质。SPARDL 工具从用户需求中抽取控制算法、数据字典及模式图,软件工程师利用 SPARDL 工具描述用户需求应满足的性质。控制算法、数据字典、模式图和性质内容共同构成 SPARDL 模型。在该模型的基础上,可以导出软件需求规格说明,对模型进行分析和验证,基于模型生成代码,实现模型级别的仿真验证。

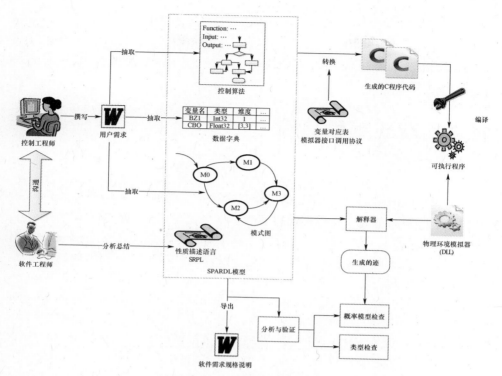

图 2-14 SPARDL 应用框架

第 3 章
程序实现正确性保障

程序实现正确性是指程序的运行结果满足用户的期望,在正确理解用户需求的前提下,软件进行了正确的编码实现。程序实现正确性重点关注软件设计编码及调试阶段的问题。在实际情况中,由于多种原因,如开发人员对编程语言理解不准确、对循环计算的初值或迭代过程设计错误、对程序运行时序或中断处理特征把握不准确等,造成程序实现错误时有发生。程序实现正确性的保障一直是软件可信保障领域的重要课题,一般来讲,正确性保障可以分为缺陷预防和缺陷检测。缺陷预防是指采取技术手段,防止开发人员在设计编码过程中引入缺陷,对代码来说是一种事前措施。缺陷检测是指针对代码进行的分析和测试,以期发现其中的缺陷,对代码来说是一种事后措施。

本章在缺陷预防方面,结合航天控制软件的特点,介绍了 C 语言可信子集;在缺陷检测方面,介绍了航天控制软件在程序实现中所面临的数值性质、数据竞争等主要问题的解决方法。

3.1 可信编程规范

在安全攸关领域,编程规范是缺陷预防的重要手段之一。编程规范是指在编程语言标准语法的基础上,增加的若干使用限制。结合航天嵌入式软件的特点,从 C 语言本身的语法语义出发,分析了典型错误案例,制定了97 条 C 语言编程规则,形成航天嵌入式软件 C 语言编程规范,研制了相应的检查工具,并在型号工作中广泛应用。本章介绍了其中有代表性的 31 条规则。

3.1.1 禁止使用的 C 语言特性

C 语言在航天嵌入式软件开发中广泛使用。1989 年,美国国家标准协会(ANSI)发布了第一个完整的 C 语言标准"C89","C89"在 1990 年被国际标准组织(ISO)一字不改地采纳,1999 年 ISO 发布了新的 C 语言标准"C99"。2011 年,

ISO 又正式发布了新的 C 语言标准"C11"。

C 语言是一种高效、灵活的语言。它的灵活性既是优点,也是造成编程错误的潜在原因。因此,通过编程规范约束软件工程师,避免使用不安全的、容易被误解的、破坏程序结构的语言特征。

规则 1:禁止使用 goto 语句

C 语言支持无条件跳转,即 goto 语句。该特征允许软件工程师实现非常灵活的程序控制行为,但是容易破坏程序结构的完整性,不利于程序维护,增加了程序在轨注入的困难。因此,在编程规范中要求不得使用 goto 语句。

```
void foo(void)
{
  int count = 0;
loop:
  count + + ;
  if (count < 5)
  {goto loop; } /* 违反,禁止使用 goto 语句 * /
}
```

本例使用 goto 语句实现了循环操作,使用 for 循环或 while 循环也可以实现同样的功能,且更易于程序结构的维护。

规则 2:禁止使用 C 语言标准库函数的内存分配/释放函数

C 语言标准库函数提供了内存分配/释放函数。但是,对于航天嵌入式软件来说,其运行环境的内存资源非常有限。航天嵌入式软件要求行为可控可预测,因此,禁止使用标准库提供的内存分配/释放函数。

```
void foo(void)
{
  int * a;
  a = (int * )malloc(sizeof(int) * 10);
  /* 违反,禁止使用 C 语言标准库函数的内存分配/释放函数 * /
}
```

禁止使用内存分配/释放函数有两个方面的原因:一方面,使用不当可能导致内存泄漏、内存耗尽;另一方面,C 语言标准没有明确定义内存分配失败、内存释放失败的情况下这些函数的行为。

3.1.2　语言使用规则

按照语法特征分为定义与声明、类型转换、初始化、运算、数组、表达式、控制流、函数、结构体和联合体以及预处理,下面对部分规则进行说明。

1. 定义与声明

规则 3:变量的声明和定义必须保证类型相同

如果变量的声明和定义的类型不同,那么在使用该变量时可能会发生异常或错误。例如:

```
/* decl.h */    /* var.c */    /* 使用 */
/* 声明 */      /* 定义 */     #include "decl.h"
extern int x;   float x;       ...
                               void foo(void)
                               {
                                   ...
                                   x = -1;
                               }
```

由于 x 被声明为 32 位有符号整型,在函数 foo 中被赋值为 -1,其原码为 0xffffffff,这不是一个合法的 32 位浮点数的原码。而 x 的定义却是 32 位浮点数,因此,当程序按照 32 位浮点数访问 x 时,将发生非规格化浮点数的异常。

规则 4:函数的声明和定义中使用的标识符应该一致

规则的目的在于提高代码的可读性、便于编译器进行静态分析。例如:

```
int func(unsigned int x);
int func(unsigned int p)/* 违反,函数定义中的标识符和函数声明不一致 */
{
    int x = 1;
    /* ... */
    if (p == 0)
    {
        x = 0;
    }
    return x;
}
```

虽然上述代码并无语法错误,但可能导致软件工程师对局部变量 x 和参数 p 产生误解。

2. 类型转换

作为一种静态类型的语言,C 语言既支持隐式类型转换,也允许程序员进行强制类型转换。类型转换一方面提高了编程的灵活性,另一方面带来了一定的安全隐患。

规则 5：不得进行下列隐式类型转换

（1）有符号和无符号之间不得隐式转换；

（2）宽类型不得向窄类型隐式转换；

（3）整型和浮点类型之间不得隐式转换；

（4）函数参数不得隐式转换；

（5）函数的返回表达式不得隐式转换；

（6）复杂表达式不得隐式转换。

禁止上述隐式类型转换的原因是：两个类型的取值范围并不完全相容时，类型转换会导致计算误差，甚至错误。

有符号数的取值是负数时，隐式类型转换为无符号数，会得到一个非常大的无符号数。浮点类型表示的精度有限，较大的整数无法精确地用浮点数表示。例如：

```
float UTC;
unsigned int u;
…… //  u 的值由地面注入,339370994
UTC = u; //由于浮点精度,UTC 的值是 339371008.0
```

事实上，虽然以上原则也无法从根本上解决取值范围不同的类型之间转换可能导致的问题，但是有助于引起开发者的重视，减少安全隐患。

规则 6：禁止将类型长度较小的指针强制转换为类型长度较大的指针

不同类型的指针指向不同类型的对象。这些对象在内存中的存储方式和读取方式可能并不相同。将一个类型长度较小的指针强制转换为另一个类型长度较大的指针，在指针解引用时，可能会用错误的方式读取或存储内存中的对象。例如：

```
unsigned char *  p1;
unsigned int *  p2;
……
p2 = (unsigned int * ) p1;/*  违反 * /
……
p1 = (unsigned int * ) p2;/*  允许 * /
```

p1 指向无符号字符型变量，p2 指向无符号整型变量。将 p1 强制转换为 p2，可能使得 p2 指向了一个无符号字符型变量。二者在内存中的存储方式、对齐方式均不相同。如果将 * p2 当作右值，不仅可能会读取非预期的内容，还可能因为内存地址未对齐（无符号整型要求按照 4 字节对齐）会导致程序崩溃。

3. 初始化

规则 7：结构体变量的初始化必须完整

C 标准允许在初始化结构体成员时仅初始化一部分，这增加了使用未经初始化的变量的隐患。例如：

```
struct mystruct
{
    int xs;
    float fs;
};
void func(void)
{
    struct mystruct = {3};
    /* 违反:仅初始化了成员 xs,未初始化成员 fs */
}
```

结构体变量 mystruct 的成员 fs 的值是不确定的,依赖于编译器及运行平台。

规则8: 枚举类型的成员必须初始化为整型

ANSI – C89 开始引入枚举类型,枚举类型成员的取值被实现为整型,可以参与数学运算。例如：

```
void func(void)
{
    enum abc{a = 1,b = 'x',c} temp; /* 违反:枚举成员 b 初始化为 char 类型值'x' */
    temp = a;
}
```

使用整型以外的类型,对枚举类型的成员进行初始化,可能由于非预期的类型转换而导致错误。

4. 运算

规则9: 禁止对包含有符号类型变量的表达式进行移位运算

对有符号类型来说,移位运算可能改变符号位,导致不可预料的后果。例如：

```
void func(void)
{
    int b = 1056964608;
    b = b << 2; /* 违反,对有符号变量 b 进行移位运算*/
}
```

b 的取值本来是 1056964608,经过移位运算后,符号位由 0 变为 1,取值变为了 – 67108864。软件工程师使用移位运算,一般希望实现乘法的效果,如果发生符号改变,不符合软件工程师的预期。

规则 10：如果位运算符"～"和"＞＞"应用在基本类型为 unsigned char 或 unsigned short 的操作数上，结果应该强制转换为操作数的基本类型

位运算符"～"和"＞＞"用在短整型(unsigned char 或 unsigned short)时，运算之前要先进行整数提升，导致结果可能包含非预期的高位数据位。例如：

```
unsigned char func1(unsigned char p)
{
    unsigned char result;
    result = (~p)>>4;
    /* 违反,假设 p = 0x5a;执行该语句后,result = 0xfa,而非 0xa */
    return result;
}
```

短整型进行位运算时，会被隐式转换为标准整型，然后进行位运算。因此，本例中的 p 进行取反操作后，结果是 0xffffffa5。右移 4 位，得到 0x0fffffffa，再赋给 8 位整型 result，结果是 0xfa。软件工程师使用取反操作及右移操作的本意是将变量中高 4 位取反，并移到低 4 位，并不希望高 4 位由于隐式类型转换而出现 1。

5. 数组

规则 11：禁止数组没有边界限定

必须指定数组的大小，不允许使用不完全的数组定义。例如：

```
void func(void)
{
    unsigned int u_array[] = {0,1,2};/* 违反,数组没有边界限定*/
    /* ... */
}
```

在数组定义时，如果没有显式声明数组长度，那么数组长度完全由初值列表中的元素个数决定。显式声明数组长度，有利于程序维护，可以避免使用数组时可能发生的数组越界错误。

6. 表达式

规则 12：针对除仅包含"＋""－""＊""/""％"以外的双目运算符必须使用括号来显式标明优先级

依靠程序开发人员来记住 C 语言所确定的所有运算符优先级存在很大的风险。例如：

```
void func(void)
{
    int temp = 4096;
    temp = temp>>8 +4; /* 违反,针对>>操作符应使用括号*/
```

```
        }
```

由于算术运算的优先级高于移位运算，temp 的实际运算结果是 4096 > > 8 + 4 = 1。为了保证代码的实际结果与预期相符，应当根据需求，编码为下面两种形式之一：

```
void func(void)                    void func(void)
{                                  {
    int temp = 4096;                   int temp = 4096;
    temp = (temp > >8) + 4;            temp = temp > > (8 + 4);
}                                  }
```

规则 13：判断相等/不等的条件表达式不得省略"＝＝"或"！＝"

本规则的着眼点是在代码的清晰上，给出逻辑数和非逻辑数之间的清晰划分。例如，若 x 是一个整数，则有

```
if ( x ) /* 违反 */
if ( x ! = 0) /* 正确 */
```

两种形式都符合 C 语言语法，都表示当 x 不为零时，条件成立。显式的使用"＝＝"0 或"！＝"0 能够更加清晰地表达软件工程师的设计意图，不容易产生歧义。

规则 14：不允许出现重言或矛盾的条件表达式

如果通过类型推导和常值传播，就能确定条件表达式的取值结果始终为"true"（重言）或始终为"false"，那么这很可能是编程错误。例如：

```
if (s8a > 10)
{
    if (s8a > 5) / * 违反:不允许出现重言或矛盾的条件表达式* /
    {…… }
}
```

内层 if 语句的条件 s8a > 5 必然成立，因为进入内存 if 语句的条件就是 s8a > 10，s8a > 10 时，s8a > 5 恒成立。

规则 15：条件表达式中不得使用赋值运算符

如果布尔值表达式需要赋值操作，那么赋值操作必须在操作数之外分别进行。例如：

```
if ( ( x = y ) ! = 0 ) /* 违反:条件表达式中不得使用赋值语句 * /
{ foo (); }
```

应当写成

```
x = y;
if (x ! = 0)
{ foo (); }
```

这可以帮助避免"="和"=="的混淆,帮助软件工程师静态地检查错误。

7. 控制流

规则 16:for 循环中用于迭代计数的数值变量不应在循环体中修改

不能在循环体中修改循环计数器,然而可以修改表现为逻辑数值的其他循环控制变量。例如,指示某些事情已经完成的标记,然后在 for 语句中测试。

```
flag = 1;
for ( i = 0; ( i < 5 ) && (flag = = 1 ); i + +)
{
    flag = 0;/ *  允许提前结束循环 *  /
    i = i + 3; / *  违反:不允许改变迭代计数器的值*  /
}
```

在循环体中修改迭代计数的值,可能导致循环意外终止,或循环无法按照预期终止。

规则 17:避免 switch 语句的 case 中无语句,如为软件特殊设计需加注释进行说明

这些 case 与它后面的 case 共用一组执行语句。也应该检查这些 case 语句后是否漏掉了 break 语句。例如:

```
int func(int p)
{
    int i = 0, j = 0;
    /* ... * /
    switch(p)
    {
    case 0 :
        j = 0;
        break;
    case 1:      /* 违反,需加注释进行说明原因* /
    case 2:
        j = i;
        break;
    default:
        i = j + 1;
```

```
    }
    return i + j;
}
```

在实际工程中,完全可能出现不同的 case 需要执行相同处理的情况。为了与遗漏处理某 case 相区别,需要加以注释说明该 case 与后续 case 共用相同的处理。

8. 函数

规则 18:函数不能调用自身,不管是直接的还是间接的

不能使用递归函数调用。递归可能导致程序执行时间过长、堆栈空间耗尽,这会导致严重的错误。例如:

```
struct Node
{
    int key;
    int val;
    struct Node * left;
    struct Node * right;
};
int search(struct Node * node, int key)
{
    if (node = = NULL)
    {return 0; }
    else
    {
        if (node - > key < key)
        {  return search(node - >left, key); }/* 违反:函数不得调用自身* /
        else if (node - > key > key)
        {  return search(node - >right, key); } /* 违反:函数不得调用自身* /
        else
        {  return node - >val;  }
    }
}
```

如果待搜索的树的深度过大,那么递归调用次数过多,可能耗尽堆栈空间,导致程序运行错误。应当改为限定循环次数的方式。例如:

```
int search(struct Node * node, int key)
{
    int i;
    struct Node * ptr;
```

```
    ptr = node;
    i = 0;
    while ((ptr ! = NULL) && (i < 100))
    {
        if (ptr - > key < key)
        {  ptr = node - > left; }
        else if (node - > key > key)
        {  ptr = node - > right; }
        else
        {  return ptr - > val; }
    }
    return 0;
}
```

规则 19：禁止在函数调用结束后，使用指向该函数的局部变量的指针

如果一个指针指向函数的局部变量的地址，那么在该函数调用结束之后（其局部变量的地址成为无效），该指针指向的内容是不确定的。例如：

```
typedef struct TAG_STRUCT_INFO

{                          void foo1()              void foo2()
    int val;               {                        {
    …                          SInfo local;             int x;
} SInfo;                       …                        x = ptr - > val;
                               ptr = &local;        }
SInfo * ptr;               }
```

函数 foo1 将局部变量 local 的地址赋值给全局指针变量 ptr，函数 foo2 使用了这个指针量，这是危险的。因为函数 foo1 退出之后，局部变量 local 所占的内存的值是不确定的。

9. 结构体和联合体

规则 20：使用结构体时，应注意成员之间存在的空隙，建议增加冗余成员，填补空隙

如图 3 - 1 所示，结构体成员并非依次紧紧排列，而是按照 2B、4B 或 8B 对齐。

例如，double 型成员的地址必须能被 8 整除。如果它前面成员之后的地址不能被 8 整除，则需要空出几个字节，以便保证该 double 成员的地址能够被 8 整除。因此，在访问结构体成员时，需要注意中间的空

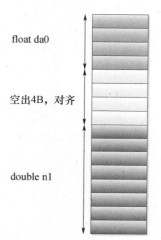

float da0

空出4B, 对齐

double n1

图 3 - 1　结构体空隙示例

隙。例如：

```
typedef struct COM_STATUS
{
    unsigned char m_ch[6];
    unsigned int  m_cnt;
    unsigned char n_ch[10];
} SComStatus;/*    实际大小为 24B */
SComStatus sComStatus;
unsigned char data[40];
memcpyx((unsigned char * )&sComStatus, data, 20);
/* 上面的方法有误,正确的是: */
memcpyx((unsigned char * )&sComStatus, data, sizeof(SComStatus));
```

上面的代码段,由于结构体成员存在空隙,结构体的大小并非是各个成员的大小简单相加。因此,memcpyx 的第三个参数不应取值为 20。

10. 预处理

规则 21：禁止使用带有副作用的宏参数

宏参数与函数参数不同。带有副作用的宏参数通过替换的方式执行,多次出现导致多次执行,可能会产生未预期的副作用。例如：

```
#define MAX(a,b) ( ( (a) > (b) ) ? (a) : (b) ) /* 宏定义 */
Z = MAX(i + +,j);/* 违反:宏参数 i + + 具有副作用 */
```

如果(i + +)>j 成立,那么将返回(i + +),i 被执行了两次自增操作。如果不成立,那么将返回 j,i 仅执行了一次自增操作。

上述代码建议改为

```
#define MAX(a,b) ( ( (a) > (b) ) ? (a) : (b) ) /* 宏定义 */
Z = MAX(i,j);/* 宏参数不含副作用 */
i + +;
```

保证对 i 的自增操作次数确定。

规则 22：应该通过预处理指令,避免一个头文件的内容被包含两次

为避免头文件无法被安全地多次包含,建议将每个头文件用#define 指令定义一个符号,表示“该头文件已经被包含”。然后,整个头文件出现在一个包含防护条件中。例如：

```
#ifndef HEADER_H
#define HEADER_H
/* …… contents of the header */
#endif
```

因此,当该头文件第一次被包含时,它的所有内容都被包含,如果这个头文件再次被包含,则它的内容就会被绕过。

3.1.3 领域相关规则

航天嵌入式程序具有两个主要特征,一是周期实时运行,二是科学计算。因此,航天嵌入式程序关注时间和空间的开销、浮点运算的精度,许多程序变量都有具体的物理含义。

规则23:对于含变量的数组下标表达式,如果变量的取值来自外部输入数据,那么应当对下标表达式或外部输入数据的取值范围做检查

在使用变量作为数组下标访问数组元素时,要检查变量范围,否则在异常情况下,访问数组越界。例如:

```
t = startime - Trgps;
N = (int)((startime - Trgps) / DeltaT);
/* 违反:应对 N 进行范围检查,避免 N 计算错误,导致数组访问越界 */
for(i = 0; i < N; i + +)
{
    b = a[i];
}
```

如果根据输入的 Trgps 计算得到的 N 超过了数组 a 的长度,那么将发生数组越界。因此,需要检查 N 的取值,仅当 N 不超过数组 a 的长度时,才进行后续操作。例如:

```
t = startime - Trgps;
N = (int)((startime - Trgps) / DeltaT);
if((N > = 0) && (N < LEN_A)) /* 检查 N 的范围 */
{
    for(i = 0; i < N; i + +)
    {
        b = a[i];
    }
}
```

规则24:以浮点格式进行通信传输时,应注意判断数据是否为有效的浮点格式

通信数据传输时,一般使用整型。有些整型量,无法直接解码为有效的浮点量。IEEE-754 规定的浮点数的存储格式如下图所示:

单精度浮点数格式：

S	阶码[30:23]	尾数[22:0]

31　30　　　　23　22　　　　　　　　　　　　　　0

双精度浮点数格式：

S	阶码[62:52]	尾数[51:0]

63　62　　　　　　　52　51　　　　　　　　　　　　　　　　　　0

将整型量解码为浮点数时，应该判断下列两种无效情况：

（1）非规格化数：阶码均为 0，尾数不为 0。

（2）无穷大：阶码均为 1。

如果不进行检查，直接解码为浮点数，那么有可能导致非法浮点异常，进入陷阱，导致程序运行出错。

规则 25：浮点类型表达式不得做相等的比较

浮点类型存在舍入误差，因此，判断两个浮点类型的表达式是否相等时往往采用这样的方法，判断这两个表达式的差的绝对值是否小于某个非常小的浮点常量。例如：

```
#define FLOAT_ZERO 1.0e-7f
float a;
float b;
...
if (a == b) /* 违反：浮点数不得做相等的比较 */
{
    ......
}
```

应当写成

```
if (fabs(a - b) < FLOAT_ZERO)
{
    ......
}
```

规则 26：应当确保表达式的量纲正确匹配

作为航天控制程序，许多表达式都有明确的物理意义。因此，量纲匹配正确是程序实现正确的必要条件。例如：

```
#define DEG2RAD     0.01745329251994330
#define RAD2DEG     57.29577951308232
void CalcPhi(float degVal)
{
```

```
        float relRad;
        relRad = degVal * (360.0f / 32766.0f); /* 违反：未进行度 - >弧度转换 * /
        return;
}
```

正确的代码为

```
relRad = degVal * (360.0f / 32766.0f * DEG2RAD);
```

规则 27：对分母不是立即数的除法表达式，建议采取预先判断或分母加小数的方式来预防除零错误

下列代码是不恰当的，可能出现除零错误：

```
x = a / (a + b); /* 违反：可能出现除零错误 * /
y = y / sqrt(x* x + y* y); /* 违反：可能出现除零错误 * /
```

应当改为

```
#define FLOAT_ZERO  10e-6
……
if (fabs(a + b) > FLOAT_ZERO)
{
    x = a / (a + b);
}
y = y / sqrt(x* x + y* y + FLOAT_ZERO);
```

对分母进行除零保护是一种能确保安全的编程方式，可以避免由于除零导致的程序异常、系统复位。

3.1.4 环境相关规则

嵌入式程序的行为不仅由程序的源代码决定，也依赖于将源代码编译为目标代码的编译器、支持目标代码运行的操作系统以及运行嵌入式程序使用的器件。

规则 28：对于不能缓存的数据必须使用 volatile 关键字

类型限定符 volatile 用来修饰那些"值可以独立于程序的运行而自由更改"的对象。在嵌入式软件编程中未合理运用 volatile 关键字可能导致很多非预期行为，如编译优化会导致语句失效、语句执行次序改变。volatile 关键字应用于下列情况：

（1）中断服务程序之间以及主程序和中断服务程序之间共享的全局变量。

图 3-2 示出了两个任务共享全局变量变量。

如果其中一个任务会修改这个变量,在没有 volatile 修饰的情况下,因为 COP 等原因,另一个任务可能不会从内存中读取该标志,而是读取寄存器中的值。这将导致该变量的修改无法被另一个任务"感知"。例如:

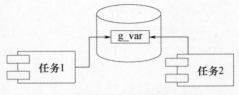

图 3-2　两个任务共享全局变量

```
#define TRUE 0xEB90146F
boolean g_Flag;

/* 中断服务程序 */
void interrupt_service(void)
{
    g_Flag = FALSE;
}
```

```
/* 计算任务 */
void foo(void)
{
    g_Flag = TRUE;
    ……
    while(g_Flag == TRUE)
    {
        bar();
    }
}
```

全局变量 g_Flag 没有被 volatile 修饰,由于编译器优化,计算任务 foo 中的赋值语句 g_Flag = TRUE 的右值 TRUE 会被传播到 while 循环语句的条件 g_Flag == TRUE。该循环条件变为 0xEB90146F == 0xEB90146F。

(2) 被两个及以上实时操作系统任务共享的全局变量。

下面是多任务共享变量的例子:

```
void main(void)
{
    int p;
    void * targ = NULL;
    thread_t id;
    num = 0;
    /* 创建 foo 线程 */
    p = thr_create((void*)NULL, 0, foo,
targ, 0, &id);
    if(! p)
    { printf(" can not create thread "); }
    while(1)
    { printf("% d\n", num); }
}
```

```
volatile int num = 0;

void foo(void)
{
    while(1)
    {
        num++;
        sleep(1000);
    }
}
```

如果没有 volatile 修饰,两个函数可能各自使用寄存器中副本,main 的输出始终为 0。

（3）指向 I/O 端口、寄存器的指针变量。

接口地址指针使用 volatile 定义，例如：

```
#define T01_ADDR (volatile unint32 * )(RT_MEM_ADDR_BASE + (0x0400 < < 2))
```

这是为了确保每次接口访问都会访问对应的接口，而不会从缓存或寄存器中取旧值。

（4）延时循环计数器。

在航天嵌入式软件中，通常使用循环的方式实现延时。延时函数的定义如下：

```
void Delay(unint32 delaytime)
{
    volatile unint32 uidt;
    for (uidt = 0; uidt < delaytime; uidt + +)
    {
        ;
    }
    return;
}
```

通过循环的方式，消耗机时，达到延时的目的。如果 uidt 不加 volatile 修饰，那么因为编译优化，编译器可能不会生成该循环语句对应的目标代码，导致 Delay 变为空函数。

规则 29：如果没有打开操作系统的中断浮点寄存器保护开关，那么在中断服务程序中禁止进行浮点运算

在中断处理时，需要保存现场、切换上下文。目前常用的 TSC695F 芯片有 32 个浮点寄存器，为了减少中断处理的开销，有些操作系统默认不保存这些浮点寄存器。

如果的确需要在中断服务程序中进行浮点运算，那么应当打开操作系统的中断浮点寄存器保护开关。

规则 30：使用循环的方式实现延时操作时，应当注意器件运算速度的差异

在航天嵌入式软件中，通常使用循环的方式实现延时。延时的效果受到器件执行目标码的速度的影响。因此，如果更换了器件，那么可能需要修改调用该函数实参的取值。例如，从 SRAM 改为 EEPROM，由于目标码在 SRAM 中的执行速度快于在 EEPROM 中的执行速度，那么应当考虑使用更小的实参。

规则 31：在 1553B 总线 8 位零等待模式下，访问芯片 RAM 区时，应保证预读语句和正式读语句的原子性

1553B 总线芯片的数据访问宽度为 16 位，在 8 位零等待模式下（如 8051 处

理器访问），若要访问 RAM 区数据，根据 1553B 芯片外部接口说明，需要先预读 16 位中的高字节，将要读取的数据锁存，然后分别读取低字节和高字节，即对某 16 位数据的读取应采用三条语句完成。

在软件设计时，应保证上述三条语句的原子性，即不能被中断打断并在中断中对该数据进行读取。若中断在预读和正式读之间打断，并在中断中对该地址进行了读取，就会导致中断返回后读取到的数据并非之前锁存的数据，与软件设计预期不符。

正确的写法如下：

```
void func()
{
    unsigned char high, low;
    ...
    disableAllInt();  //关闭中断
    high = * (1553B_RAM_1_HIGH);  //对高字节进行预读实现数据锁存
    low = * (1553B_RAM_1_LOW);      //读出低字节数据
    high = * (1553B_RAM_1_HIGH);  //读出高字节数据
    enableAllInt();  //打开中断
    ......
}
```

3.1.5　检测工具介绍

在软件开发早期采用自动化检查工具进行持续的编程规范符合性检查是保障编码规范性的最有效方式。SpaceCCH 是专门针对可信编程规范研发的自动化检查工具，软件开发人员利用该工具可在编码、编译时进行实时分析和检查，及时修改程序以符合可信编程规范。SpaceCCH 提供易用的使用界面（图 3 - 3），用户可通过简单配置即可对各类平台的嵌入式 C 程序进行编程规范检查，检查结果可自动导出多种格式的报告。

SpaceCCH 工具主要由如下三部分组成：

（1）前端处理器，主要对给定的 C 语言源程序进行解析并生成后续编程规范检查所需的各种中间表示，具体包括预处理器、词法/语法分析器以及中间表示构造器。SpaceCCH 内建了支持 GNU C、ANSI C、MSVC、Keil C51、TI DSP C 等航天领域常用嵌入式 C 语言标准的词法/语法分析器，在预处理基础上完成对翻译单元的解析，解析过程中通过中间表示构造器生成编程规范检查的三种中间表示，包括抽象语法树（AST）、符号表、控制流图（CFG）。对于大多数的编程规范规则，检查工作都可以基于这三种中间表示完成。

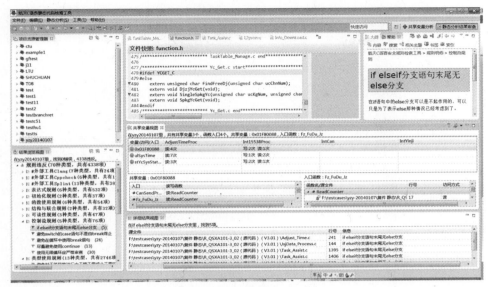

图 3 – 3　SpaceCCH 用户界面

（2）扩展开发接口，主要用于自定义规则的扩展开发，具体包括中间表示的构造与遍历、符号表的检索、规则扩展的接口、分析上下文的维护、类型系统相关的 API 等。一般而言，自定义规则的扩展实现只与扩展开发接口直接交互，前端处理器中的各个部分都是透明的。

（3）规则检查引擎，是支持编程规范检查运行的核心模块，它以被分析程序以及规则描述为基本输入，驱动各个检查规则的执行，并在此过程中维护分析相关的上下文，最终通过报告生成器输出指定格式的分析结果。

SpaceCCH 进行编程规范检查的主要原理：给定所要检查的软件源代码、规则集配置以及编译器配置，首先对每个 . c 文件进行预处理，生成预处理后的中间文件；然后对每个中间文件进行语法分析，调用中间表示构造器，产生中间表示并缓存在分析上下文中；最后中间表示生成后，规则检查引擎将根据给定规则对每个 . c 文件对应的中间表示进行一系列的分析操作，如果发现违反情况，将违反的详细信息（被分析文件、违反发生的行号、列号、违反提示信息）提交给分析上下文中的错误管理模块。

根据规则定义的不同，规则检查的算法也有所差异。以可信编程规范为例，检查算法主要分为如下四种类型：

（1）检索符号表。对于命名规范性的规则，一般只需通过符号表的检索即可完成。例如，对于规则 A"禁止局部变量与全局变量同名。"其检查算法如图 3 –4所示。

```
1.void Check(symbolTable)
2.begin
3.  对符号表 symbolTable 中的每个局部变量 v
4.      对符号表 symbolTable 中的每个全局变量 g
5.          如果 g 和 v 同名
6.              提交规则违反…;
7.end
```

图 3-4 规则 A 的检查算法

（2）遍历 AST。AST 是语法分析过程中生成的与源程序等价的一种树形结构中间表示,该树形结构的具体形态与语法分析器所依赖的文法描述相关。例如,在 SpaceCCH 中,if 语句的 ANTLR 文法描述如下:

"if"^ " ("! expr ") "! statement ("else" statement)?

该文法的描述是递归的,这里略去了 statement、expr 的定义,二者分别匹配任意的语句和表达式。其中,"^"标识的为 AST 的根节点,"!"标识的是在 AST 中隐藏的语法元素。对于图 3-5 中的程序片段,其对应的 AST 如图 3-6 所示。

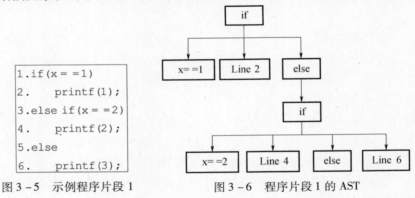

```
1.if(x = =1)
2.    printf(1);
3.else if(x = =2)
4.    printf(2);
5.else
6.    printf(3);
```

图 3-5 示例程序片段 1　　　　图 3-6 程序片段 1 的 AST

对于某些语法树相关的规则,如规则 B"if elseif 分支语句中应有 else 分支。"存在违反的程序和不存在违反的程序在 AST 的形态特征上存在差异。图 3-7 和图 3-8 给出了违反上述规则的程序片段及其 AST。

该规则的检查算法主要是遍历 AST 并识别特定的违反特征,具体如图 3-9 中的伪代码所示。AST 的遍历采用递归方式,最初从源程序对应的翻译单元节点进行遍历,对每一个节点,首先判断是否存在 if else if 语句的特征模式(即 if 具有 else 子节点,else 子节点具有 if 子节点);如果存在,则判断 else if 节点中是否仍然存在 else 子节点;如果不存在,则表明该处违反了规则 B,分析引擎将提示该处违反编码规则。

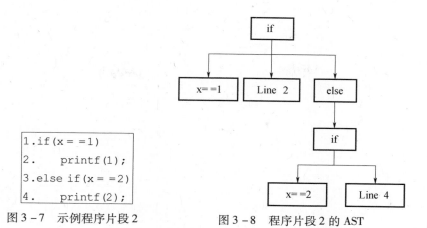

```
1.if(x ==1)
2.    printf(1);
3.else if(x ==2)
4.    printf(2);
```

图 3-7 示例程序片段 2

图 3-8 程序片段 2 的 AST

```
1.void Check(AST ast)
2.begin
3.    如果 ast 的类型是"else"
4.        AST child = ast 的第一个子节点;
5.        如果 child 的类型是"if"
6.            如果 child 不存在类型为"else"的子节点
7.                提交违反…;
8.    否则
9.        对于 ast 的每个子节点 c
10.           Check(c);
11.end
```

图 3-9 规则 B 的检查算法

（3）类型检查。相当一部分的编程规则都是对类型进行约束的,如规则 C "禁止对有符号类型进行移位运算。"该类规则的检查算法往往更加复杂,需要综合多种分析手段,如 AST 和符号表的查询、类型计算和推断等,进而才能准确识别出违反。

例如,对图 3-10 中的程序进行规则 C 检查的过程:首先遍历 AST,识别出第 6 行的语句包含移位表达式,并确定被移位的表达式为"b",然后在该语句所处的作用域范围内搜索名为"b"的标识符声明,发现第 4 行存在该声明,此时再调用类型系统相关 API 计算所声明的类型 t。如果 t 为有符号类型,分析引擎提交一处违反。在对真实软件代码进行分析时,上述过程可能更加复杂,例如声明处采用的类型可能是经过多重 typedef 定义的,或者被移位的表达式并不是简单标识符,此时需要计算表达式的类型,其中会涉及 C 语言标准中的整型提升规则、算术运算按类型转换规则等。

```
1.   typedef int SINT_32;
2.   void func(void)
3.   {
4.       SINT_32 b = 1;
5.       /*…**/
6.       b >>= 1;
7.   }
```

图 3 – 10   违反规则 C 的程序片段

（4）数据流分析。一些编程规范的检查需要对变量的值等数据流信息进行分析，如规则 D"变量使用前必须被赋值。"这种情况下，分析引擎需要能正确获取程序的数据流信息。SpaceCCH 实现了一个轻量级的数据流分析框架，并在框架上完成了可达定义、引用－定义链等分析。在对这类规则进行分析之前，分析引擎根据具体的数据流分析问题，在 CFG 上传播相应的数据流信息，运用最小不动点迭代算法获得问题的求解；然后将分析的结果以引用－定义链、定义－引用链的形式存储在分析上下文中，从而将规则检查问题转换为对数据流信息的查询问题。

上述四种分析方法能够解决绝大部分的编程规范检查问题。此外，还有少部分的编程规范是对预处理前的源程序进行约束的，如规则 F"宏参数必须用括号括起来。"对于此类规则，SpaceCCH 主要采用预处理结合文本匹配的方法对其进行检查。

可信编程规范检查工具 SpaceCCH 已经应用于我国航天、航空、电子、兵器、轨道交通等多个领域，对提升相关领域软件编码规范和促进软件质量提升起到了积极作用。

3.2   数值性质分析技术

程序的数值性质是关于程序中的数值型变量（可分为整型、浮点型）在给定程序位置的取值的性质。既包括在某个程序位置单个/多个变量取值的性质（当前位置数值本身是否满足公认的数学法则，或计算机规定的存储格式），也包括在某个程序位置序列、程序路径中，单个/多个变量取值序列的性质（当前位置满足上述法则或格式，但经过特定序列或路径传递后可能会导致其他变量不满足）。以下述程序片段为例：

$$a[x] = y;$$

关注的变量 x 的取值范围，因为数组下标不应当越界。

更为复杂的则需要考虑多个变量间所具有的数值关系，例如：

$$w = 1.0 \,/\, sqrt(x + y * z);$$

首先作为平方根函数的输入，关注 x + y * z 的取值必须大于零；其次平方根函数的返回值作为表达式的分母，不得为 0。

研究程序中数值型变量的相关性质可以用来发现程序中的运行时错误，主要包括除零错（除数为零）、定义域检查、算术溢出（数值超出了计算机的表示范围，如整数溢出、浮点数溢出等）、数组越界（数组成员引用下标超出定义范围）等。

程序中还有很多问题与数值性质紧密相关。例如，安全问题之一的"缓冲区溢出"问题（程序向缓冲区内写入的数据超出了缓冲区本身的容量，包括堆溢出、栈溢出、格式化字符串溢出等种类），本质上就是关于新写入起始地址 addr′、新写入数据大小 size′ 与缓冲区起始地址 addr、缓冲区本身容量 size 之间是否满足数值关系 addr′ + size′ ≤ addr + size 的问题。因此，关于缓冲区溢出检测方面的许多研究，都是围绕如何发现地址（指针）和长度（范围）之间的数值关系来展开的。

上述与数值性质相关的程序错误是针对通用程序而言的。结合实际应用领域，程序中还有很多更为丰富的与数值相关的性质。例如：数学三角函数 sin( )、cos( )在计算机中实现的输出结果应该总是在 −1 ~ 1 之间；求平均数的程序的结果值应该是在两个输入值之间；两个正数的和应该比两个数都大等。

在嵌入式领域，此类问题可能引发灾难性的后果。例如：Ariane − 5 型火箭首发爆炸事故是因为浮点数转化为整数时发生算术溢出；"爱国者"导弹拦截"飞毛腿"导弹失败事件是因为浮点舍入误差累计过大。两次灾难性的事故都是软件数值计算方面出现了问题。

3.2.1 基于抽象解释的数值性质分析技术

程序的数值性质是程序验证最早关注的性质之一。数值程序分析的相关研究可以追溯到 20 世纪 70 年代早期，主要包括模型检验、定理证明和抽象解释。由于模型检验的方法受状态空间爆炸的限制，定理证明也由于一阶逻辑半可判定的问题，使得程序验证特别是大规模程序验证技术难以广泛应用。抽象解释技术在处理复杂的计算问题或模型的过程中，通过对问题进行近似抽象，取出其中的关键部分进行分析，从而减少问题的复杂程度，使模型简化，同时综合其他方法解决问题,大大提高分析解决问题的效率。

经过数十年的发展,基于抽象解释的数值程序分析框架已经趋于成熟,并出现了许多面向不同数值性质的数值抽象域。

最简单的数值抽象域是形如$c_1 \leqslant x \leqslant c_2$的区间抽象域。在此基础上,人们提出了八边形抽象域,用来跟踪每个变量上下界信息的区间抽象域、用来推导任意多个变量间线性关系的多面体抽象域、用来推导任意两个变量间形如$\pm x \pm y \leqslant c$关系。

这些表达能力多样的数值抽象域的存在,使得数值程序分析可以根据待分析程序的特点以及具体应用的需求选择某个合适的或者结合某几个抽象域来开展程序分析,以在分析精度和计算代价之间取得合理权衡。目前,这些数值抽象域在学术界和工业界都受到了广泛重视,并在航天控制软件的分析与验证等实际工业应用中取得了成功应用。基于抽象解释的数值程序分析不仅可用来检测程序中是否有除零错、算术溢出、数组越界等运行时错误,而且可用来分析程序中与数值相关的断言以及契约中的前置条件、后置条件和不变式。许多面向程序或模型的分析与验证问题,虽然不是直接与程序的数值行为相关,但也常常依赖于数值程序分析技术。

抽象解释是一种对程序语义进行可靠近似(或抽象)的通用理论,该理论为静态程序分析的设计和构建提供了一个通用的框架,并保证了所构建的静态分析的可靠性(考虑了所有的程序行为)。抽象解释本质上是通过不同程度的近似(或抽象)在分析精度和计算效率之间取得权衡。而抽象域则是抽象解释框架下的核心要素,是语义近似(或抽象)在抽象解释框架实例化所得静态分析中的具体体现,也是静态分析在分析精度和计算效率之间进行权衡的落脚点。

抽象解释框架下的核心概念是抽象域,它包括一个特定类别的、计算机可表示的对象集合(域元素),以及一系列操纵这些对象的操作(域操作)集合。在抽象解释框架下,面向数值性质发现的数值抽象域得到了广泛关注。目前,已出现很多运行效率和表达能力各异的数值抽象域,如区间抽象域、八边形抽象域、多面体抽象域等。

在众多抽象域中,区间抽象域是应用最为广泛的抽象域之一。相对于其他抽象域(如八边形抽象域、多面体抽象域等),区间抽象域只考虑单个变量的性质,表达精度不高。但是区间域的简单易用和高计算效率,使其成为分析浮点程序的一个基本却十分有效的抽象域。区间域更容易处理浮点程序中的一些复杂数值操作(如移位操作、数学函数等)。因此,基于区间抽象域的程序数值分析技术在工程实际应用中也最为广泛。

基于区间域分析方法的大致思想:对程序中的每一个变量x,用一个区间

[a,b]来描述其取值范围。但这样的区间抽象域只能表达凸(convex)性质。大多数程序的行为在具体语义或聚集语义下都是非凸的,如程序中常用 if – then – else 语句来分情况讨论,在浮点程序中,程序员常常会使用求最小值 fmin() 等非凸的函数来编写程序。而区间域的凸性限制会影响分析的精确度,并有可能导致误报。在除法使用较为普遍的浮点程序中,"除零错"是一种重要、常见的运行时错误。在基于区间抽象域的分析中,处理如 $x \in [-9, -1] \cup [1,9]$ 这样的情况时,为保证凸性,x 的上、下界会被抽象成 $[-9,9]$,从而对于 $1/x$ 的表达式会产生"除零错"的误报,并且形如 $1/x$ 的除法表达式的抽象值会变成 $[-\infty, +\infty]$,这将影响后续分析的精度。为此研究者对传统区间抽象域进行了"有限幂集"拓展,提出了一个新的抽象域——区间幂集抽象域,即使用有限个区间的析取(区间的集合并)来刻画变量的取值范围。同时,研究人员还给出了区间幂集抽象域的相关操作(如接合操作、加宽操作等)。与传统区间抽象域相比,区间幂集抽象域可以天然地刻画某些非凸性质,有效地提高分析精度。

3.2.2　区间抽象域的基本定义及操作

区间抽象域的定义:给定论域 D,定义在 D 上的区间抽象域是 D 的一个子集 $[d_1, d_2] \subseteq D$,要求 $d_1 \leqslant d_2$,$\leqslant$ 是 D 上的序关系。

设 $I_1 = [a,b]$,$I_2 = [a',b']$,$\perp_i$ 表示空区间(即区间抽象域的 bottom 元素)。

(1)序关系:

$$I_1 \in_i I_2 \equiv a \geqslant a' \wedge b \leqslant b'$$

(2)交操作:

$$I_1 \cap_i I_2 \,\hat{=}\, \begin{cases} [\max(a,a'), \min(b,b')], \max(a,a') \leqslant \min(b,b') \\ \perp_i, 其他 \end{cases}$$

(3)结合操作:

$$I_1 \cup_i I_2 \,\hat{=}\, \begin{cases} [\min(a,a'), \max(b,b')], I_1 \neq \perp_i \wedge I_2 \neq \perp_i \\ I_2, I_1 = \perp_i \\ I_1, I_2 = \perp_i \end{cases}$$

(4)加宽操作:

$$I_1 \nabla_i I_2 \,\hat{=}\, \begin{cases} [a \leqslant a'?\ a: -\infty, b \geqslant b'?\ b: +\infty], I_1 \neq \perp_i \wedge I_2 \neq \perp_i \\ I_2, I_1 = \perp_i \\ I_1, I_2 = \perp_i \end{cases}$$

3.2.3 区间抽象域的幂集拓展

为了增强经典区间抽象域对非凸性质的表达,首先对其进行幂集拓展,引入区间幂集抽象域的概念,记为 powerItv。其主要思想是使用若干个区间的析取来描述变量的取值范围信息,在进行分析之前,应当限定区间个数的上限。

1. 区间幂集抽象域的域表示

powerItv 中的元素是满足约定属性的实数区间集。实数上区间集合 IS 是 powerItv 的元素,当且仅当:

(1)区间集 IS 中的区间个数不大于阈值 M;

(2)$\forall I_1 \in IS$, $\forall I_2 \in IS$,若 $I_1 \neq I_2$,则 $I_1 \cap_i I_2 = \perp_i$。

第一条性质确保区间幂集抽象域元素中区间的个数不会无限增大,造成表达过于复杂,运算时空开销较大,以及循环不能终止等问题;第二条性质确保区间幂集抽象域元素中的区间是不相交的。如果区间集 IS 中区间个数超过上限或者彼此相交,则可通过融合(merge)操作将其抽象成 powerItv 域元素。

下面给出融合操作的相关定义和算法。

设 $I_1 = [a, b]$,$I_2 = [a', b']$,则

$$\text{dist}(I_1, I_2) \wedge \begin{cases} \min(|b - a'|, |a - b'|), & I_1, I_2 \neq \perp_i \wedge I_1 \cap_i I_2 = \perp_i \\ 0, & \text{其他} \end{cases}$$

其中:dist 表示区间 I_1 和区间 I_2 之间的距离。由其定义可知,$[0, 2]$ 和 $[3, 5]$ 之间的距离为 1,$[0, 3]$,$[2, 5]$ 之间的距离为 0。

设区间集 $IS = \{I_1, I_2, \cdots, I_N\}$,融合操作首先按下述计算步骤消除集合中相交不为空的区间对。

```
for j = 1 to N;
  for k = j +1 to N;
    if dist(I_j, I_k) = 0{
      IS = IS\{I_j, I_k};
      IS = IS∪{I_j ∪_i I_k};
    }
```

通过上述计算步骤,集合中不存在距离为 0 的区间对,即集合中的每个区间与其他区间不相交。设消除相交情况后,区间集 $IS = \{I'_1, I'_2, \cdots, I'_S\}$,此时集合中区间个数 $S \leqslant N$。接下来,融合操作按下述计算步骤确保集合中的区间个数不大于阈值 M:

```
while IS 中的区间个数大于 M {
选取 dist 最小的区间对 I_j, I_k;
```

```
    IS = IS\{I_j, I_k};
    IS = IS∪{I_j ∪_i I_k};
}
```

若发现集合中区间个数超过上限,选择距离最近的两个区间进行接合操作,使得损失的变量值范围的精度最小。若将区间集{[0,2],[4,5],[-3,-1],[8,9]}的区间个数约简为2,则对应的区间集为{[-3,5],[8,9]}。至此,融合操作已可以确保区间集满足 powerItv 元素要求,其时间复杂度为 $O(N^2)$,空间复杂度为 $O(N)$ 。

根据 Hoare 幂集域偏序关系,给出 powerItv 域元素之间的偏序关系($\subseteq_p$): $IS_1 \subseteq_p IS_2$,当且仅当 $\forall I_1 \in IS_1$, $\exists I_2 \in IS_2$,使得 $I_1 \subseteq_i I_2$。

2. 区间幂集抽象域的域操作

设 $IS_1 = \{I_1, I_2, \cdots, I_m\}$,$IS_2 = \{I'_1, I'_2, \cdots, I'_n\}$,其中集合中区间的个数不大于阈值 M,即 $m \leq M$, $n \leq M$。

1)交操作

区间集 IS_1 与区间集 IS_2 的交是指将 IS_1 中的每一个区间分别与 IS_2 中的每一个区间做交,再对得到的区间集合进行融合。交操作具体计算步骤如下:

```
IS_0 = ∅;
for j = 1 to m;
for k = 1 to n;
IS_0 = IS_0 ∪ {I_j ∩_i I'_k};
    Merge(IS_0);
```

算法中对 IS_0 进行融合操作,是为了确保其满足约定性质,如在两个区间集求交的过程中,容易产生空区间 $\perp_i$,融合操作可以有效约简这些空区间。从上述算法可知,交操作在最坏情况下时间复杂度为 $O(M^4)$,空间复杂度为 $O(M^2)$。

2)结合操作

区间集合 IS_1 与区间集合 IS_2 的接合是指,首先进行集合求并得到 $IS_1 \cup IS_2$,再对 $IS_1 \cup IS_2$ 进行融合操作。其最坏情况下的时间复杂度为 $O(M^2)$,空间复杂度为 $O(M)$。

3)基本算术操作

区间集 IS_1 与区间集 IS_2 进行基本的算术操作是指,IS_1 中的每一个区间分别与 IS_2 中的每一个区间作算术运算,再对得到的区间集进行融合。设区间算术运算符 $\circledcirc_i \in \{+_i, -_i, \times_i, \div_i\}$,算术操作的具体计算步骤如下:

```
IS_0 = ∅;
for j = 1 to m;
```

```
for k = 1 to n;
IS₀ = IS₀ ∪ {I_j ◎_i I'_k };
    Merge(IS₀);
```

当区间IS_1除以区间IS_2时，若IS_2包含0，则中间结果会包含$[-\infty, +\infty]$，融合操作便可以约简掉其他区间，结果中只保留$[-\infty, +\infty]$。从上述算法可知，算术操作在最坏情况下时间复杂度为$O(M^4)$，空间复杂度为$O(M^2)$。

4）加宽算子

假设 $IS_1 \subseteq_p IS_2$，则根据区间幂集上的序关系可知$\forall I_1 \in IS_1$，$\exists I_2 \in IS_2$，使得$I_1 \subseteq_i I_2$。首先求得IS_1中在数轴上最左边的区间I_{left}和最右边的区间I_{right}，根据序关系，$\exists I'_{left} \in IS_2$，$\exists I'_{right} \in IS_2$，使得$I_{left} \subseteq_i I'_{left}$，$I_{right} \subseteq_i I'_{right}$。记加宽后的区间集为$IS_3$，初始化为空集，基于对$IS_1$和$IS_2$之间关系的讨论提出加宽策略：

（1）若I'_{right}的右边界大于I_{right}的右边界或者I'_{right}的右侧有区间，则将I'_{right}的右边界设为约定上界阈值（如$+\infty$）；若I'_{right}的左边界小于I_{right}的左边界，则将I_{right}的左边界向下取整；将此区间加入至IS_3。

（2）若I'_{left}的左边界小于I_{left}的左边界，或者I'_{left}的左侧有区间，则I'_{left}的左边界设为约定下界阈值（如$-\infty$）；若I'_{left}的右边界大于I_{left}的右边界，则将I_{left}的右边界向上取整；将此区间加入至IS_3。

（3）对于I'_{left}与I'_{right}之间的每一个区间I'_b，

若$\exists I_b \in IS_1$，使得$I_b \subseteq_i I'_b$，则当I'_b的右边界大于I_b的右边界，将I'_b的右边界向上取整；当I'_b的左边界小于I_b的左边界，将I'_b的左边界向下取整；将此区间加入至IS_3。

若$\forall I_b \in IS_1$，均不满足$I_b \subseteq_i I'_b$，则将I'_b的左、右边界分别向下、上取整，并将此区间加入至IS_3。

（4）若（1）～（3）均不满足，加宽结果为IS_2；若满足（1）或（2）或（3），对IS_2与IS_3做接合操作，即得到加宽结果。

依据上述加宽策略，区间集$\{[-3,-1],[1,2],[8,9]\}$与区间集$\{[-3,-0.5],[1,2],[3.5,5.1],[8,10]\}$的加宽结果为$\{[-3,0],[1,2],[3,6],[8,+\infty]\}$；区间集$\{[-3,-1],[0,2],[8,9]\}$与区间集$\{[-6,-5],[-4,-1],[0,2.1],[7.9,10]\}$的加宽结果为$\{[-\infty,-1],[0,3],[7,+\infty]\}$。

加宽策略在处理I'_{left}的右边界，I'_{right}的左边界，以及I'_{left}与I'_{right}之间的区间变化时使用向外取整的方法，可以使加宽结果不致太粗略，同时保证迭代过程的终止性。因为I'_{left}与I'_{right}之间有限长，所以迭代过程不会无限递增下去。

由于IS_3中的区间个数不大于M，IS_2中的区间个数不大于M，故IS_2与IS_3进行接合操作的时间复杂度不高于$O(M^2)$。因此加宽操作在最坏情况下时间复杂度为$O(M^2)$，空间复杂度为$O(M)$。

5）迁移函数

在基于抽象解释的程序分析中,一般通过迁移函数(从抽象环境集合到抽象环境集合的映射)对程序中的赋值语句(var：＝expr)和条件测试语句(expr$_1$ ⋈ expr$_2$)进行抽象。下面介绍如何处理这两种语句的迁移函数。

（1）值迁移函数。对于赋值语句 var：＝expr,在抽象环境 $X^\#$ 下,其赋值迁移函数定义为

$$[\![var：＝expr]\!]^\# X^\# \doteq X^\#[var\rightarrow[\![expr]\!]^\# X^\#]$$

其中：$[\![expr]\!]^\# X^\#$ 为表达式 expr 当前环境 $X^\#$ 下,通过区间幂集抽象域的基本算术运算得到的抽象语义值。

（2）测试迁移函数(test transfer function)。测试迁移函数 $[\![expr_1⋈expr_2]\!]^\#$,其中 ⋈ ∈ $\{\neq, =, <, \leqslant\}$ 旨在过滤当前不满足布尔表达式 expr$_1$ ⋈ expr$_2$ 的环境。由于任意形式的测试条件均可以抽象成一个或多个形如 $x\leqslant c$ 或 $x\geqslant c$ 的约束,基于上述测试迁移函数的定义对布尔表达式中 expr$_1$ ⋈ expr$_2$ 中变量的值范围进行精化。记表达式 expr 中的变量集合为 Vars(expr),设 $x \in$ Vars(expr$_1$ ⋈ expr$_2$)$X^\#(x)$ ＝IS$_x$,则

$$[\![x\leqslant c]\!]^\# X^\# \doteq X^\#[x\rightarrow Meet(\{[-\infty, c]\}, IS_x)]$$
$$[\![x\geqslant c]\!]^\# X^\# \doteq X^\#[x\rightarrow Meet(\{[c, +\infty]\}, IS_x)]$$

上述区间幂集基本域操作都是在传统区间抽象域的域操作的基础上拓展得到的,幂集中区间的个数是有限的,因此域操作的时空复杂度不高。设被分析程序中的变量总数为 d,则域操作时间复杂度不高于 $O(M^4 d)$,空间复杂度不高于 $O(M^2 d)$。

3.2.4　基于浮点区间幂集的程序分析方法

如前所述,数值抽象域一般采用多精度有理数来实现,以保证可靠性。基于多精度有理数(GMP)库实现区间幂集抽象域,因为没有精度和表达范围的限制,并且运算属于精确计算,所以分析结果比较精确。但是多精度有理数实现的区间在表达和运算上的时空开销较大,运行效率不高。多精度有理数在 GMP 库是以 $p/q(p、q$ 互质)的形式存储,因此运算中经常需要进行通分和约分,这会带来较大的时空开销。

采用浮点数实现区间幂集抽象域,通过浮点区间可以有效地表达浮点程序中变量值范围,并且程序中浮点运算可以高效地映射为浮点区间算术,这些浮点区间算术可以被计算机自然地处理。但是浮点数的一些固有属性(如有限精度、舍入模式等)使得基于浮点区间集的浮点程序分析变得十分复杂。如何确保基于浮点实现的区间幂集抽象域的可靠性,以及如何保证基于浮点区间集来

分析浮点程序的可靠性,是需要关注的问题。

1. 区间幂集抽象域的可靠浮点实现方法

区间幂集抽象域浮点实现的可靠性通过每个域操作浮点实现的可靠性来保证,浮点实现的域操作应该得到比基于多精度有理数实现的域操作更保守的结果。域操作中基本算术操作的浮点实现对可靠性有重要影响,其他域操作(如接合、加宽等)主要涉及浮点数比较,无浮点运算,故抽象域浮点实现的可靠性容易得到保证。下面以加法为例来说明如何确保基于浮点实现的抽象域算术运算的可靠性。

赋值迁移函数处理"$x: = y + z$"时,对"$y + z$"的浮点实现可能引入舍入误差。此时为了确保抽象域的可靠性,采用"$[y^- \oplus_{-\infty} z^-, y^+ \oplus_{+\infty} z^+]$"来对"$x$"的取值范围进行上近似。其中:$y^-$、$z^-$分别表示 y、z 值范围的下界;y^+、z^+分别表示 y、z 值范围的上界;$\oplus_{-\infty}$ 表示向下舍入的浮点加法;$\oplus_{+\infty}$ 表示向上舍入的浮点加法。

在实现区间幂集抽象域的域操作时,使用一种向外舍入的舍入模式对程序的舍入模式进行上近似,即在进行浮点区间算术时,计算下界时进行向下舍入(round $-$ to $-$ $-\infty$),计算上界时进行向上舍入(round $-$ to $-$ $+\infty$)。这种舍入模式考虑了实际运行时舍入模式的最坏情况,从而确保了抽象域实现的可靠性。

2. 基于浮点区间幂集准确地分析浮点程序

实现区间幂集抽象域的浮点精度与待分析程序中的浮点精度之间的关系,对分析的准确性也有重要影响。若用高精度浮点数实现的抽象域分析低精度浮点程序,会导致分析结果不准确。图 3 $-$ 11 是 float 和 double 类型浮点数的局部分布。float 类型的精度低于 double 类型,因此 double 类型可以表达一些 float 类型无法表达的点(如 d_1、d_2、d_4 等)。若程序(32 位浮点实现)中某次实际执行的计算结果为"res",由于其不能被 float 类型有效表示,需要进行舍入。若程序的当前舍入模式是向上舍入,则"res"被舍入成"f_3"。而在区间幂集抽象域(64 位浮点实现)中,"res"的值范围的上界可能由"d_2"刻画,从而导致分析的不准确。因此,在进行浮点程序分析时需要限定实现抽象域浮点数的精度不高于被分析程序中浮点数的精度,以确保分析过程的准确性。

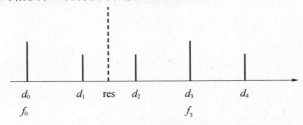

图 3 $-$ 11　float 和 double 类型浮点数的局部分布

3.3 数据竞争预防和检测技术

在嵌入式软件中,由于实时性强和与外部交互频繁的特点,中断是表达并发的常用手段。这类软件一般称为中断驱动型软件,其主要依赖嵌入式处理器的中断机制实现强实时的并发响应。中断驱动型软件在航天、汽车电子、医疗设备、无线传感器网络等安全关键系统中广泛存在。

数据竞争发生在多个并发执行流(如线程、任务、中断)对同一数据单元进行同时读/写,并且至少其中一个操作是写操作时,由于数据竞争中涉及的两次访问之间的次序不可确定,程序可能会因此产生异常行为。本章中大部分研究对象为航天嵌入式软件,数据竞争主要表现为中断与主程序或中断之间的竞争,称为中断数据竞争,与多线程、多任务等并发程序中的数据竞争加以区别。

一些安全关键领域,由于中断数据竞争导致的事故屡见不鲜,如某卫星帆板驱动线路盒转角跳变导致控制偏差,Therac – 25 放射治疗仪致 5 人丧生,2003 年北美地区大停电事故错误等。然而,这类问题具有小概率的特点难以复现,对其调试和测试都很困难。

因此,如何有效地避免和检测中断数据竞争是嵌入式软件可信性保障中面临的重要课题。本节首先介绍了一个典型的中断数据竞争案例,之后重点从避免数据竞争的设计策略和中断数据竞争检测技术两个方面进行介绍。

3.3.1 典型数据竞争案例及分析

典型的航天嵌入式软件一般采用主程序 + 中断的结构,如果在主程序和中断里都对同一内存位置(同一变量)进行操作,且至少有一个执行写操作,并且没有保护措施,就可能发生数据竞争。

图 3 – 12 给出一个典型的数据竞争案例。如果中断在主程序执行①和②之间到来,即主程序正在进行星时计算时,中断程序中更新星时的操作,将使得退出中断程序后,主程序使用更新前的 f1 和更新后的 f2 计算新的 StarTime,会导致星时计算错误。

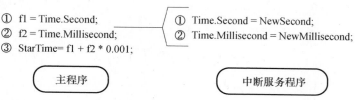

① f1 = Time.Second;   ① Time.Second = NewSecond;
② f2 = Time.Millisecond;   ② Time.Millisecond = NewMillisecond;
③ StarTime= f1 + f2 * 0.001;

主程序   中断服务程序

图 3 – 12   数据访问冲突示例

以上程序发生错误需要具备三个要素：

（1）有两段独立运行的程序，其中一个可能打断另外一个的运行，在上例中是中断服务程序打断主程序的运行。

（2）两段程序间存在共享数据，且至少有一个程序对它执行"写"操作，在上例中，共享数据是 Time. Second 和 Time. Millisecond，中断服务程序对它执行"写"操作，主程序执行"读"操作。

（3）一个数据的正确性要由至少两个子数据的完整性来保证，在上例中，时间变量 Time 的正确性要由 Time. Second 和 Time. Millisecond 两个子数据的完整性来保证。

在上例中，数据访问冲突导致软件执行错误，是因为在低级中断或任务中执行某个原子性任务，如从硬件读取锁存的星时，原子性任务的正确性是由程序的连续执行所保证的，如先读取锁存星时高 16 位，再读取低 16 位，若在低级中断或任务的原子性任务在执行过程中被高级中断打断，而高级中断重新执行锁存星时任务，导致退出中断后，在低级任务或中断内再读取锁存星时将读取到高级中断内的锁存值，从而导致读取星时的高 16 位和低 16 位发生不匹配的情况，引入错误的星时结果。

软件中存在数据竞争问题有三个原因：

（1）未能意识到或识别出可能存在数据竞争的问题。设计师可能未意识到两段程序存在数据竞争，或者意识到了但没有把所有可能存在竞争的操作都进行保护。从管理和技术过程上对竞争数据的识别机制不够规范和系统。

（2）采取了不恰当的保护措施或者保护措施不够充分。设计师采取了措施，但是没有从机理上完全弄清问题发生的原因，保护措施不合理或不完整，在某种情况下仍会发生数据竞争导致错误，目前缺乏统一和一致的竞争数据保护策略。

（3）缺乏有效的检测手段。数据竞争问题分析比较复杂，表现隐蔽，和运行时序有关，是一种小概率事件，靠传统测试很难发现所有数据竞争问题。

3.3.2 避免数据竞争的设计策略

对于中断数据竞争问题，最有效的解决方法是在软件设计之初就采用恰当的设计策略进行防范和避免。

表 3-1 总结了软件研制实践中出现的数据竞争典型问题与对策。

表 3-1　数据竞争典型问题与对策

序号	冲突形式	软件代码

1	原子操作:推力器输出。
	任务:输出推力器喷气控制量 wPulse[i]。
	中断:读取 wPulse[i],每 2ms 将一个喷气控制量输出到硬件端口。
	冲突原因:推力器喷气控制量 wPulse[i]是在模式控制任务完成控制量计算后统一输出,而 2ms 中断内需要读取控制量输出到硬件端口,导致对共享变量 wPulse[i]存在一个写、一个读的操作。如果本控制周期还没有完成控制量计算,而 2ms 中断就访问共享变量,则会产生喷气输出的错误。
	冲突避免措施:通过执行时间的测试,确保模式控制任务能够在 14ms 内完成,在中断中进行计数,14ms 后才读取本周期产生的推力器控制量,从而保证不会产生访问冲突
		任务:
		
		`wPulse[0] = (mModulator[2].Yneg & 0x1)｜((mModulator[2].Ypos & 0x1) << 1)｜((mModulator[1].Ypos & 0x1) << 2)｜((mModulator[1].Yneg & 0x1) << 3)｜((mModulator[0].Ypos & 0x1) << 4)｜((mModulator[0].Yneg & 0x1) << 5);`
		
		`for (i=1; i<16; i++)`/* 总共 16 次,喷气脉宽:2ms* 16 = 32ms * /
		`{`
		`    wPulse[i] = wPulse[0];`
		`}`
		
		中断:
		`count2ms ++;`
		`countPulse ++;`
		
		`if (count2ms == 7)`
		`{`
		`PulseLast[0] = wPulse[0];`
		`PulseLast[1] = wPulse[1];`
		○○○
		
		`/* 推力器输出后,缓冲区清零 * /`
		`wPulse[0] = 0;`
		`wPulse[1] = 0;`
		○○○
		`        countPulse = 0;`
		`}`
		`temp = PulseLast[countPulse & 0x1F];`
		`Ext_Out(OUT_AD_Modulator, temp);`
		`/* 输出到伪速率码输出寄存器 * /`

2	原子操作:外部接口高 8 位数据锁存器,地址 0xE000 和 0xC000。
	任务:读取外部接口 16 位数据,或写出 16 位数据。
	中断:读取外部接口 16 位数据,或写出 16 位数据。
	冲突原因:对所有接口的读操作都使用 0xE000 作为高 8 位数据锁存器,对所有接口写操作都使用 0xC000 作为高 8 位数据锁存器,因此任务中如果读接口高低 8 位中间被打断,中断中处理接口读写,就会改写锁存器数据,造成数据不一致。
		任务:
		`flgReadINT = 0x0;`
		
		`/* 先读低 8 位 * /`
		`temp = XBYTE[addr] & 0xff;`
		
		`/* 再从锁存器读高 8 位 * /`
		`temp1 = XBYTE[0xC000] & 0xff;`
		`temp = (temp1 << 8)｜temp;`
		
		`/* 有 TM 中断 * /`
		`if (flgReadINT == TRUE)`
		`{`

序号	冲突形式	软件代码
| 2 | 冲突避免措施:设置中断访问标志,任务中读/写完成后,判断该标志是否有效,有效说明读/写被中断,此时重新对接口进行读写操作一次 | ```
/* 先读低8位 */
    temp = XBYTE[addr] & 0xff;

    /* 再从锁存器读高8位 */
    temp1 = XBYTE[0xC000] & 0xff;
    temp = (temp1 << 8) |temp;
    flgReadINT = 0x0;
}
中断:
/* 先读低8位 */
temp = XBYTE[ADDR_WR_TM] & 0xff;

/* 再从锁存器读高8位 */
temp1 = XBYTE[0xC000] & 0xff;

temp = (temp1 << 8) | temp;

flgReadINT = TRUE;
``` |
| 3 | 原子操作:控制软件通过串口与星敏感器通信。<br>任务:通过串口与星敏感器通信,轮询串口状态,接收串口数据。<br>中断:其他操作。<br>冲突原因:星载计算机与星敏感器串口通信过程中,中断到来,导致串口通信被打断,通信超时,数据接收不完整,引起星敏感器数据无效。<br>冲突避免措施:设置中断访问标志,星敏感器通信之后判断是否存在通信异常,异常则说明被中断打断,则再次与星敏感器通信。 | ```
任务:
    与星敏感器串口通信
中断:
其他操作
``` |
| 4 | 原子操作:串口发送字节数 G_cntTms-Send。<br>任务:星务管理任务常规调度的全帧遥测发送模块,通过 G_cntTmsSend 判断要发送的遥测数据量,并发送数据。<br>中断:每500ms 定时触发,时钟源为 TM 遥测单元:清除全帧遥测 FIFO;向全帧遥测 FIFO 写入 36 字节,并修改 G_cntTmsSend 变量。<br>冲突原因:G_cntTmsSend 变量由于保护机制不当,导致任务和中断中使用发生冲突。<br>冲突避免措施:设置中断访问标志,星敏感器通信之后判断是否存在通信异常,异常则说明被中断打断,则再次与星敏感器通信。 | ```
任务:
AsicClearREG(TMS_FIFO);  /* 清除 US5 FIFO
*/
AsicWriteREG(TMS_FIFO, G_tmsDataBuf[0]);
AsicWriteREG(TMS_FIFO, G_tmsDataBuf[1]);
......
AsicWriteREG(TMS_FIFO, G_tmsDataBuf
[35]);
G_cntTmsSend = 36; /* TMS 发数计数器:中断
中发36字节 */
中断:
/* 计算剩余遥测字节长度 */
tmsLeftLen = 256 - G_cntTmsSend;
if (tmsLeftLen > 0)
{
//操作 C_C1
}
``` |
```

软件在设计时应明确软件所有使用的中断情况,明确中断里使用的全局变量或访问/设置的硬件端口,并按照下表列出。

××应用软件需要处理的中断一共有××个,中断优先级由高到低:

序号	中断名称	触发源	产生频率/Hz	时序特征
1	脉冲中断	接收机	1	与星载计算机时序不同步
2	采样中断	星载计算机	2	时序同步,在控制周期的300ms和800ms固定位置触发
3	…	…	…	…

××中断使用的全局变量或硬件端口:

序号	变量名	中断中的使用情况	任务中的使用情况	中断嵌套可能	分析说明
1	GPSPulseTime. read_time	仅在GPS秒脉冲中断中使用	无	无	不存在冲突情况
2	GPSPulseTemp-Time	在中断中赋值为 FirstData. StarTimeLong + (Time. old _ time − GPSPulseTime. read _ time)	在星敏感器采样中断处理函数 INT _ DPU _ MAIN( )中读取	在星敏感器采样中断中嵌套	在星敏感器中断和控制任务中为只读操作,读取时以该变量最新状态为准,不存在冲突情况
			在星敏感器采样中断中调用星敏感器接收数据转换 DPU_DataConvert ( )中读取		
			在控制任务中调用GPS秒脉冲校时数据转换 GPSPulse _ TimeConvert ( )中读取		
3	…	…	…	…	…

软件在实现时,可以通过以下措施来避免中断数据竞争问题:

(1)错开时序。中断数据竞争问题可以通过任务和中断间的时序来错开,如控制任务保证在 n 毫秒内完成,中断在 n 毫秒以后才发生,两者间即使存在共享数据,也可以从执行时序上保证不会产生问题。

(2)关中断。关中断是最彻底的一种办法,在低级中断或任务中禁止高级中断打断,这样就不存在两个程序同时访问共享数据,从而达到保护的目的。但程序中应确保正确设置中断屏蔽字,并确保软件不会因编译优化导致的程序执行顺序改变问题。

(3)立标志进行二次通信或处理。记录低级中断是否被打断的状态,在低级中断进行共享数据操作时先将标志设为"未打断"状态,然后进行操作,在高级中断进行共享数据操作时将标志设为"已经打断"状态,在低级中断完成共享数据操作后判断该标志状态:如果仍然是"未打断"状态,说明刚才操作过程中没有发生高级中断共享冲突,本次操作有效;如果该标志被置为"已经打断"说明刚才存在高级中断操作共享数据,低级中断的操作可能有问题,则进行二次通信或操作以保证数据的正确。

(4)立标志进行数据更新。可以在对共享变量执行写操作的中断或任务中,通过在原子性任务全部完成后立状态标志,而其他中断或任务中要访问共享变量前,先判断是否标志的状态已经设置为"完成",从而防止在写共享变量期间高级中断对共享变量进行访问或设置,从而避免数据访问冲突。

(5)采用乒乓存储区、两级缓存或者两套变量分别计算。将共享数据分成两份,当一个中断操作其中一份时,另一个中断就操作另一份,从而减少同一数据被两个中断同时操作的可能。但软件还需要采取一定的机制保证两份数据的一致性,当两个缓冲区进行数据交换时需要结合软件的时序分析,有时也需要关中断来配合操作。

针对中断数据竞争,软件走查时应当重点关注下列事项:

(1)梳理软件中使用的所有全局变量(或称共享变量)及其使用情况(在哪些函数、子程序或进程中被使用)。

(2)对上述全局变量的使用状态进行分析,是否采取了必要的保护措施,是否在软件运行过程中存在被非预期改写的可能,对改写造成的影响进行分析。

(3)分析软件中中断分配使用、优先级配置、中断服务程序设计的合理性,分析极端状态下的中断嵌套情况。

(4)特别针对中断服务程序中使用的全局变量进行分析,分析中断在各种时机发生时对全局变量的操作及其影响,具体包括读写逻辑关系、数据的使用时限、多变量之间的逻辑关系是否存在竞争、进行读/写和判断使用时刻的合理性、事件处理的完整性问题等。

(5)中断服务程序中的中断保护措施是否到位。

在软件调试、测试过程中,可以通过以下一些方法增加中断数据竞争的发生概率,提早暴露软件存在的缺陷:

(1)增加中断发生的频率,从而提高中断打断的概率。

(2)识别低级中断和任务中的原子性操作,在操作中间增加延时,从而提高中断打断的概率。

（3）删除低级中断和任务中的其他无关操作,增加原子性操作的执行次数。

通过采取以上措施,可以在软件调试、测试过程中增加数据访问冲突发生的概率,具体采用何种措施以及具体设置,需要根据不同软件任务和中断的特点、共享数据访问形式以及对系统任务的影响来具体分析。

3.3.3 数据竞争检测方法及工具

几十年来数据竞争检测技术一直是程序语言、软件分析与测试等领域的研究热点,但到目前为止大多数成果都针对多线程、多任务程序,主要包括基于锁集的方法、基于发生序关系的方法以及混合型方法。但是,由于中断在调度机制、同步机制、抢占关系等方面与线程(或任务)有诸多不同,并没有特定的并发原语机制,因此现有的研究成果几乎都难以适用。同时,由于在中断驱动型程序中绝大多数数据竞争是良性的,若以数据竞争作为检测目标,检测结果中会出现大量误报。

本书以大量航天嵌入式软件真实数据竞争案例为基础,对中断驱动型嵌入式软件的并发特征以及中断数据竞争缺陷的特征进行了系统分析,提出了中断数据竞争的 7 种缺陷模式,用于精确刻画有害的中断数据竞争。基于缺陷模式,提出了基于抽象解释的静态检测方法,并设计实现了一个中断数据竞争检测工具 SpaceDRC。

1. 中断驱动型程序的特征

试图将面向线程、任务、进程的并发缺陷检测方法照搬到中断驱动型程序上面临误报多、效率低等问题。这主要因为中断并发以及中断数据竞争有其自身特点:

（1）中断的并发语义、并发机制与任务、线程不同。

（2）中断驱动型程序的体系结构、共享数据使用、内存模型等与多线程、多任务程序不同。

（3）中断驱动型程序中存在大量良性数据竞争,并不一定构成缺陷。

因此,如何根据中断驱动型程序的特征设计精确高效的并发程序分析方法以及如何准确刻画中断数据竞争的缺陷模式是进行中断数据竞争检测的基础。

本书以航天嵌入式软件为例进行了实例研究,选取了 53 个真实型号软件以及 97 个典型中断数据竞争案例进行系统分析,给出了中断驱动型程序的特征以及中断数据竞争的缺陷模式。

中断驱动型程序的特征体现在以下四个方面:

（1）体系结构。中断驱动型程序一般采用主程序加多级中断的并发体系结构。其中,主程序是无限循环结构,周期性地等待中断触发,并进行相应的处理。中断负责处理外部硬件输入或其他定时任务。在这种体系结构下,主程序的几乎所有数据流都由中断驱动。

（2）并发调度。与线程或任务通过软件调度器进行并发调度不同,中断调度是通过处理器硬件机制实现的,不同中断分配不同的优先级,高优先级中断可以抢占低优先级中断,中断可以抢占主程序,而反过来则不行,这是一种非对称的抢占关系。另外,中断的触发具有多种不确定性,如定时触发、程序请求触发、外部触发等,在时序上存在周期性、随机性可能,在频率上存在频发和偶发之分。

（3）并发控制。由于硬件资源受限,中断驱动型程序往往不采用底层操作系统,因此缺乏规范的并发控制机制,如锁、信号量等。天然的并发控制机制是硬件中断开关,即通过设置或清除中断使能寄存器来禁止中断触发,这种方式在一定程度上会影响实时性,在实际工程中仅在必要的时候使用。此外,多采用 Ad – hoc 的同步方式进行并发控制,最常见的是通过自定义变量进行同步或互斥,其他常用的还有设置双倍缓冲区、设立标志进行二次通信等。

（4）共享数据使用。中断驱动型程序中定义较多全局变量,主程序和中断以及不同中断之间通过这些共享变量实现互相通信和数据交互的是普遍的设计策略。因此,存在大量数据竞争是有意设计导致的,并不是真正的缺陷。

上述特征对精确检测中断数据竞争缺陷有关键意义。例如,对于中断驱动型程序,若在程序分析时不考虑中断并发对程序状态的影响,则主程序中的很多执行路径将会被误认为不可执行,从而漏报潜在的缺陷;对于非对称的抢占和同步机制的缺乏,基于发生序和锁集的检测方法都无法适用;由于大量故意设计的共享访问,如果以数据竞争的定义而进行检测,结果中就会出现大量良性竞争假告警。

2. 中断数据竞争缺陷模式

基于 97 个典型案例,从软件及运行环境、缺陷表象、发现手段、后果、处理方式等方面进行了系统的分析。提出 7 种航天嵌入式软件中断并发缺陷的模式。这些缺陷模式能够较准确地刻画什么样的数据竞争是真正有害的。

模式 1：单变量访问序模式

同一变量的三次连续并发访问构成有害的数据竞争。三次访问分别是 p 访问、c 访问和 r 访问,描述为 p→r→c,其中 p 和 c 对应被抢占并发流中前后两次访问,r 对应另一个并发流中的访问。三次内存访问可有 8 种组合情况,其中 4 种组合可能是有害的数据竞争缺陷,另外 4 种情况尽管可能是数据竞争,但不会构成缺陷。图 1 给出了 4 种访问序模式(图 3 – 13)具体说明如下:

（1）R→W→R:p 访问和 c 访问预期读到相同的 x,而并发流 2 的抢占导致这种预期被破坏;在实际程序中,程序员往往对同一个并发流中的数据流存在一定假设。

（2）W→W→R:c 访问预期读到 p 访问的赋值,当并发流 2 在之间抢占时,c 访问读到 r 的赋值,这与程序员的预期不符,往往是潜在的竞争。

（3）R→W→W:当 p 访问和 c 访问存在对 x 值的一致预期时,并发流 2 中的 r 访问会破坏这种一致性,从而导致数据竞争。典型情况如,p 访问为 x 相关的分支判断条件,而 c 访问为该分支下的赋值。

（4）W→R→W:这种模式发生在对同一连续数据区进行写入时,如数组、缓冲区等,在并发流 2 中进行读取可能会出现数据不完整的情况。

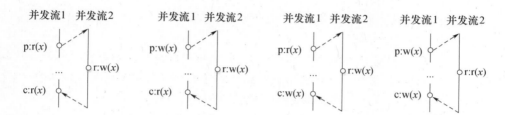

注: ——→ 代表并发执行顺序; x 代表共享数据单元; r(x) 代表读x; w(x) 代表写x。

图 3 – 13   单变量访问序模式

模式 2：多个关联变量访问一致性被破坏

程序中常使用多个变量来共同表示同一个物理量或者一组关联的数据,对这些变量的访问往往是一致的,中断抢占破坏一组变量访问的一致性,会导致非预期的结果,如破坏数据完整性。如图 3 – 14(a) 所示,程序在低优先级中断中完成数据接收后,对双缓冲区进行了切换,同时将 g_timemark 清 0 并设置校时标志,上述两个变量的值在软件设计中存在隐含的关联性。考虑以下特殊时序:当低优先级中断执行完毕,g_timemark = 0;之后,被高优先级中断打断,由于 g_timemark 已清 0 且 NewData_Flag_ForAjust 标记未置位,进入校时函数后,会执行图 3 – 14(b) 中的 if 语句真分支,UTC_BJSec_GPS 变量的值计算出现错误,导致返回的时差比实际多 1s。

图 3 – 14   示例:多个关联变量访问一致性被破坏

（a）低优先级中断;（b）高优先级中断。

模式3：多字节变量访问原子性被破坏

只有单条机器指令是具有天然原子性的，一行 C 代码往往对应多条指令。因此，对同一个变量的一次读写语句编译后是多条机器指令，当发生数据竞争时，会导致数据完整性被破坏。如在 Intel MCS - 51 平台下，操作 int 类型的变量是通过两条指令来完成的，若两条指令之间被中断打断并发生了数据竞争，则会导致高低字节访问不一致。

模式4：与硬件的并行访问冲突

嵌入式软件与外部硬件可能同时操作一块共享数据（如 1553B 总线存储区），由于缺乏同步协议导致并行访问冲突，存取的数据完整性被破坏。这一缺陷模式属于并行范畴，无法通过程序分析发现。

模式5：重复加锁解锁

开关中断类似于多线程程序中的锁机制，可用于屏蔽中断处理，从而保证一段代码的原子性。这两个操作总是成对出现的。若在没有意识到此时已经处于锁保护状态下再次进行加锁解锁操作，就会导致第二次解锁时候的代码未被保护，从而引发数据竞争。图 3 - 15 给出了重复加锁解锁模式，程序使用加锁解锁把 1～100 的代码片段保护起来，期望这段代码的执行是原子的，在中间某个子函数中程序员没有意识到外层函数已经进行了锁保护，再次对 10～90 的代码片段实施了加锁解锁，这使得 91～100 的代码片段失去保护，与第一次操作的预期不符，可能会引发数据竞争。

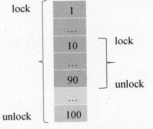

图 3 - 15　重复加锁解锁模式

模式6：volatile 修饰符误用

volatile 修饰符是 C 语言中极容易被误解的特性，即使是嵌入式软件开发的专家也可能会在这个问题上出错。对 volatile 的误用体现在如下三个方面：

（1）对外部设备端口、并发执行流之间共享的变量未使用 volatile，这导致一些变量的并发访问被编译优化掉，而出现数据错误。这类缺陷常被误认为由编译器错误导致。

（2）误认为 volatile 访问与非 volatile 访问之间的执行顺序能够保持。编译优化会打乱 volatile 访问和非 volatile 访问之间的顺序，这种顺序与程序员在 C 代码中不一致，可能导致数据竞争。正确的做法是对需要保持顺序的变量都用 volatile 修饰。

（3）误认为可以使用 volatile 保证原子性。volatile 可以用来说明对其他并发执行的计算可见，但并不保证对它访问的原子性。

模式 7：共用寄存器组

这种缺陷模式仅发生在特定的嵌入式平台下。例如，对于 Intel MCS-51 平台，寄存器组用于指定主程序或某个中断处理程序中局部变量使用的一组寄存器，若不同并发流指定了相同的寄存器组，当发生抢占时就会出现寄存器之间的竞争，导致局部变量的值被破坏。

3. 基于缺陷模式的中断数据竞争检测方法

各个缺陷模式的统计如表 3-2 所列。其中：模式 1~3 占所有缺陷的 95%，是中断数据竞争主要来源；模式 4~7 仅占比 5%，且数量都很少。

模式 3 结合数据类型与机器字长，一些论文提出的方法可以很好地解决；模式 4 属于系统设计导致的缺陷，需从设计层面解决；模式 5 一般通过基本的控制流分析和数据流分析即可静态检测；模式 6 通过相关编码规范来进行约束；模式 7 目前没有自动化检测的方法，一般通过代码审查即可有效识别。

表 3-2　中断数据竞争的缺陷模式及其统计结果

模式	缺陷模式	缺陷数
1	单变量访问序模式	35
2	多个关联变量访问一致性被破坏	18
3	多字节变量访问原子性被破坏	39
4	与硬件的并行访问冲突	1
5	重复加锁解锁	1
6	volatile 使用不当	1
7	共用寄存器组	2

针对缺陷模式 1 给出一种高效的静态检测方法。该方法的关键在于将三次访问序模式的路径匹配问题转换为一个可达访问集的迭代求解问题，基于抽象解释框架设计并实现了一个工具 SpaceDRC。其中采用了多种分析策略来适应中断并发特征，从而提高缺陷检测精度：

（1）扩展了抽象解释的迭代分析以支持中断并发体系结构，即分析时考虑中断并发对程序抽象状态的影响。

（2）使用数值区间抽象域和线性约束求解支持路径敏感的分析，从而减少自定义变量同步机制导致的误报。

（3）采用了适合中断驱动型嵌入式软件的内存模型。

图 3-16 给出了 SpaceDRC 的架构。SpaceDRC 采用 Java 语言开发，基于静态分析工具 SpecChecker 构建。SpecChecker 是专门针对航天嵌入式软件设计的静态分析工具，其语法分析前端采用 ANTLR 工具构建，能够进行 C 程序的预处理、词法/语法分析、符号表构建、类型检查、调用关系分析和控制流图构造，支持绝大多数嵌入式平台的 C 语言扩展，能够产生规范的中间表示，便

于进行进一步的程序分析。图 3 - 16 中灰色背景部分是在 SpecChecker 基础上进行的扩展。其中,抽象解释器支持中断并发、过程间、路径敏感和摘要机制,定义了一种与中断驱动型程序特征相符的内存模型,实现了整数区间抽象域和指针抽象域。SpaceDRC 实现了一个数百行代码的整数线性约束求解器来处理迭代分析过程中的简单分支约束,主要针对采用自定义标志变量进行并发同步的情况。

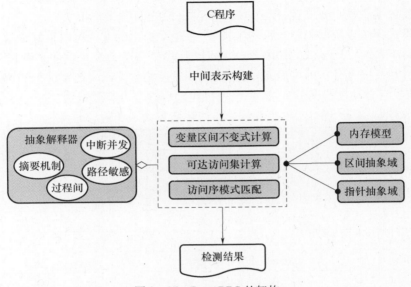

图 3 - 16   SpaceDRC 的架构

SpaceDRC 进行数据竞争检测分为以下三个步骤:

（1）中间表示构建。产生后续分析所需的规范中间表示。

（2）基于抽象解释的程序分析。采用数值区间抽象域、指针抽象域进行并发迭代分析,并计算可达访问集。

（3）访问序模式匹配。在迭代过程中根据可达访问集进行访问序模式匹配,获得数据竞争检测结果。

下面对分析方法进行详细讨论。

1）中间表示构建

给定软件源代码,SpaceDRC 对其进行语法分析、符号表系统构建、控制流分析,最终产生一种基于程序控制流图的中间表示。控制流图包含以下四种类型的节点:

（1）赋值节点:$e = e'$,其中,e 和 e' 是表达式。

（2）调用节点:$e = f(e_1, \cdots, e_k)$,其中,e 和 e_1、e_k 都是表达式。当调用函数

未使用返回值时,赋值左侧的 e 可能为空。

(3) 返回节点:return e,其中,e 是表达式。

(4) 假设节点:assume e,其中,e 是逻辑表达式,表明该节点的后继节点都符合约束($e == \text{true}$);前端将 if 语句、while 语句、for 语句、switch 语句都转换为了假设节点。

各个节点中的所有表达式 e 都是无副作用的规范表达式,其定义说明如表 3-3 所列。

表 3-3 SpaceDRC 前端产生的规范表达式

表达式	$e :=$ numconst | stringconst | addrconst | deref | fieldAccess | binaryExpr
数值常量表达式	numconst $:=$ intconst | floatconst | doubleconst
字符串常量表达式	stringconst $:=$ " string"
地址常量表达式	addrconst $:=$ & var
解引用表达式	deref $:=$ * e
成员访问表达式	fieldAccess $:=$ #f (e)
二元表达式	binaryExpr $:=$ e op e'

注:地址常量表达式中的 var 表示变量标识符,成员访问表达式中的 f 表示要访问的成员变量的标识符,二元表达式中的 op 表示 C 语言支持的二元操作符

2)基于抽象解释的程序分析

本书设计了一个支持过程间分析、跨中断分析、路径敏感和摘要机制的抽象解释器,该抽象解释器采用弱拓扑排序(Weak Topological Ordeving,WTO)迭代求解,支持加宽和收窄算子的扩展。下述主要的分析都是抽象解释的具体分析实例。与一般的抽象解释器不同,SpaceDRC 的抽象解释器针对中断并发进行了扩展,即考虑中断并发对程序抽象状态的影响;支持简单整数线性约束求解,因而分析是路径敏感的;为了提高性能,抽象解释框架采用了摘要机制,即对每个函数、每个中断的迭代求解结果进行摘要,避免多次迭代中重复分析。

根据中断驱动型嵌入式软件的特征,采用了一种简单且有效的内存模型,在变量区间不变式计算和可达访问集计算中仅使用数值区间抽象域和指针抽象域,因此保证了效率。

(1) 内存模型与程序抽象状态。我们定义了一套类型化的内存模型,支持嵌入式程序中的各种常用结构,如动态内存分配、基本类型变量、直接地址访问、字符串、区间偏移(数组和指针)、复合类型域。表 3-4 列给出了 SpaceDRC 采用的内存模型。

表 3 - 4   SpaceDRC 采用的内存模型

	内存模型	定义	示例
内存区域	Region	AllocRegion｜VarRegion｜AddrRegion｜StringRegion｜OffsetRegion｜FieldRegion	
动态分配	AllocRegion	(type)malloc_i	int * p = malloc(sizeof(int)); **(int)malloc_0**
变量	VarRegion	(type)var	int x; **(int)x**
直接地址访问	AddrRegion	(type)address	(unsigned char volatile *) 0x200000 **(unsigned char)0x200000**
字符串常量	StringRegion	StringContent	char * str = "hello,world"; **"hello,world"**
区间偏移	OffsetRegion	Region + offset	int arr[10]; **arr[5] -> (int[10])arr + [5,5]**
复合类型域	FieldRegion	Region.f	struct point｜int x; int y｜p; **p.x -> (struct point)p.x**

基于上述内存模型,定义程序的抽象状态为内存区域到特定抽象值的映射。对于变量区间抽象域,为内存区域到区间值的映射。例如,$<i,[0,2]>$ 表示内存区域 i 的值为区间 $[0,2]$;对于指针指向抽象域,其抽象状态为内存区域到内存区域集合的映射。例如,$<p,\{malloc\_0, m+[2,2]\}>$ 表明指针 p 指向 malloc_0 和 $m[2]$;

在内存模型和程序抽象状态定义基础上,SpaceDRC 通过抽象解释计算每个程序点处每个内存区域的值区间不变式。由于区间抽象域简单高效,并且足以刻画中断数据竞争采用的自定义标志变量,因此在实践中非常有效。

(2) 过程间分析和中断并发分析。SpaceDRC 采用的抽象解释框架支持过程间分析,并将过程间分析扩展到中断并发分析。对每个子过程的分析都采用摘要机制以提高效率。

假设 iterator(f,i) 为迭代求解算法,其中 f 为被分析函数,i 为迭代的初始状态。

对中断触发和函数调用的处理如下:

① 中断触发。对于任意程序点 p,中断处理函数 isr,若当前迭代中 p 处的程序抽象状态为 S_1,E_{isr} 表示中断 isr 的使能约束,则以 $E_{isr} \sqcap S_1$ 作为中断服务函数 isr 的过程间迭代分析入口状态。若 $E_{isr} \sqcap S_1$ 不为 $\bot$ 时,则以 $E_{isr} \sqcap S_1$ 作为初始状

态对中断处理函数 isr 进行迭代分析;否则,表明中断无法触发,不在 p 点对 isr 进行迭代分析。isr 的出口节点状态 $S_2 = \text{iterator}(\text{isr}, E_{\text{isr}} \sqcap S|_1)$;则中断返回点状态为 $S_1 \sqcap S_2$,这用于刻画中断并发的不确定性。

② 函数调用。对任意调用点 c,被调用函数为 f,若当前程序抽象状态为 S_1,则通过迭代分析获得函数 f 的出口状态为 $S_2 = \text{iterator}(f, S_1)$,则返回点的状态为 S_2。

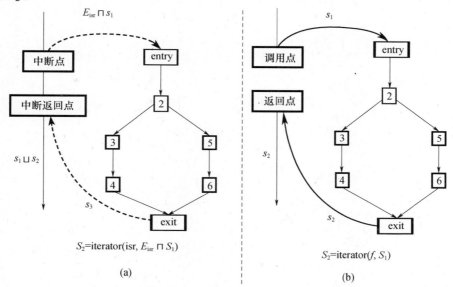

图 3-17 SpaceDRC 对函数调用和中断触发的处理
(a)中断服务程序 isr;(b)函数 f。

(3)可达访问集计算。上面提出了可达访问的概念,将检测并发路径中变量访问序模式的问题转换为一个迭代不动点求解问题。与可达定义不同,可达访问的定义如下:

定义(可达访问):n_i 为变量 x 在 n_j 的可达访问,当且仅当存在一条有效路径序列 p,表示为 $[n_1, n_2, \cdots, n_m]$,且在路径 p 中 n_i 为 $n_j(1 \leq i < j \leq m)$ 之前对 x 访问的最近的节点。记为 $n_i \rightarrow^x n_j$。

给定节点 n,关于 x 的可达访问集表示为

$$\mathbb{R}_{x,n} = \{(n', \alpha) \mid n' \rightarrow^x n\}, \alpha \text{ 为 } n' \text{ 节点对 } x \text{ 的访问方式}, \alpha \in \{r, w, rw\}$$

可达访问集可以构造出变量的访问链,从而与访问序模式进行匹配,识别可疑数据竞争。

可达访问集的计算与可达定义类似,本书定义了一个可达访问集的抽象域,在抽象解释框架下可以高效地求解得到每个节点、每个共享变量的可达访问集。

3)访问序模式匹配

访问序模式的匹配是在抽象解释迭代求解过程中进行的,这避免了不动点到达后程序状态的过度近似引入的误报。

设(p, α_p),(r, α_r),(c, α_c)是对共享变量x的三次连续访问,即
$$(p, \alpha_p) \in \mathbb{R}_{x,r}, \ (r, \alpha_r) \in \mathbb{R}_{x,c},$$

若p和c为主程序中的节点,r为中断服务程序中的节点,且$\alpha_p \rightarrow \alpha_r \rightarrow \alpha_c$满足访问序模式集中的某种模式,则认为这是一次有害数据竞争。

图3-18给出了在抽象解释迭代求解过程中进行访问序模式匹配的算法。其基本思想:在对每个控制流节点进行分析时,通过当前获得的可达访问集追溯给定共享内存的长度为3的访问链,当访问链中第二次访问为远程访问(在高优先级并发流中访问),并且与本书提出的四种访问序模式相匹配时,即认为该三次访问构成了一次可疑的有害数据竞争。

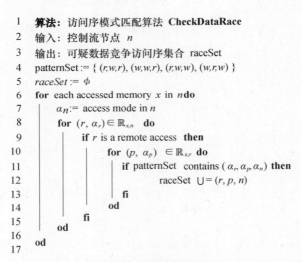

```
 1   算法:访问序模式匹配算法 CheckDataRace
 2   输入:控制流节点 n
 3   输出:可疑数据竞争访问序集合 raceSet
 4   patternSet := { (r,w,r), (w,w,r), (r,w,w), (w,r,w) }
 5   raceSet := φ
 6   for each accessed memory x in n do
 7       αn:= access mode in n
 8       for (r, αr)∈ ℝx,n do
 9           if r is a remote access then
10               for (p, αp) ∈ ℝx,r do
11                   if patternSet contains (αr, αp, αn) then
12                       raceSet ∪= (r, p, n)
13                   fi
14               od
15           fi
16       od
17   od
```

图3-18 访问序模式匹配算法

如图3-19所示程序来自于某卫星电源软件,我们对其进行了简化。其功能之一是每秒通过端口IN对电压传感器进行遥测数据采集,经过计算后将数据通过端口OUTPUT发送到地面。为了实现这一功能,设计师采用一个同步标志变量fgTv28来标记是否需要进行数据的处理,并通过一个每秒触发的定时中断(秒中断)对fgTv28进行设置(赋值0xAA)。主程序周期性地判断变量fgTv28的值,当值为0xAA时,表明需要进行下一秒的处理,于是对currentPower28数据计算并发送。由于软件每个周期要完成的计算任务较多,在设计程序的处理逻辑时,对currentPower28的计算和发送并没有连续进行,甚至并不处于同一个函数中,即S_1和S_2中的处理并不是连续的。然而,这种设计是有缺陷的,设计师错误地假设了S_1和S_2的判断总是一致的。而当S_1不成立、秒中断触发、随后S_2成立

时,就会将未经计算的 currentPower28 发送出去,导致在地面遥测看到连续 2s 的数据是重复的,同时由于该数据可能被用于反馈控制,数据错误的后果可能是很严重的。

上例是一个典型的中断数据竞争问题,可以用三次访问序模式来刻画,即 S_1、S_3、S_2 对 fgTv28 的访问构成了 (R, W, R) 模式。即 $S_1 \rightarrow^{fgTv28} S_3$,$S_3 \rightarrow^{fgTv28} S_2$。

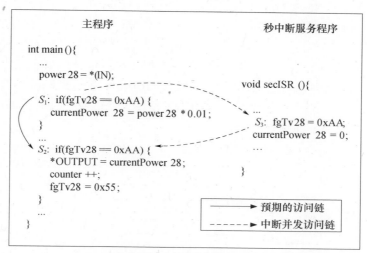

图 3 − 19　违反 (R, W, R) 访问序模式的数据竞争实例

4. 工具应用

目前,SpaceDRC 已经在载人航天、探月工程等重点型号的关键软件研制以及空间飞行器软件第三方独立测试中进行了初步应用,有效弥补了当前工程实际中缺乏有效工具的不足。采用 SpaceDRC 工具之后,中断数据竞争专项分析的效率提高了至少 5 倍,并且降低了问题遗漏的可能。

3.4　单元测试用例自动生成技术

单元测试是程序实现阶段保障程序正确性的重要手段之一。目前,成熟的单元测试自动化工具主要解决测试自动执行及报告生成等问题,仍需要工程师自行设计测试用例的输入和输出。对于条件分支较为复杂的程序而言,通过人工设计输入达到 100% 的覆盖率,是一项非常耗时、耗力的工作。虽然部分工具引入了随机与边界值相结合生成测试用例的方法,但是当待测程序的逻辑较为复杂时,其生成的测试用例所能达到的覆盖率较低,测试充分性无法保证。

本节介绍了基于符号执行与约束求解的测试用例自动生成方法。通过符号执行收集路径约束信息,通过约束求解生成测试输入数据,经次迭代,最终生成覆盖待测函数模块所有语句/路径的测试用例集合。

3.4.1 测试技术

单元测试用例生成技术的基础思想是(图 3 – 20):首先对待测程序进行静态分析,获取必要的信息,插入监视代码,以实现符号执行;其次开始执行处理后的待测程序,每次执行时,先根据上一次约束求解的结果生成输入数据(首次执行时,随机生成),再进行符号执行;然后根据符号执行记录的信息,选择下一条期望覆盖的路径,如果没有选出新路径,则说明所有路径均被覆盖,测试停止,如果选出了新路径,则生成新路径对应的约束条件,求解该条件;最后根据约束求解的结果,开始下一次执行。

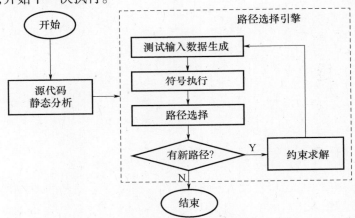

图 3 – 20　测试用例生成技术框架

测试用例生成主要涉及到四个基本技术:一是程序行为追溯模型,用于实现符号执行,记录待测程序的行为;二是逻辑内存映射,将程序中具体的变量映射为符号;三是约束求解,判断新的路径是否可达,如果可达,给出对应的符号取值;四是输入数据生成,根据约束求解的结果,确定输入变量的取值。为了加快生成测试用例的速度,本节还介绍并行生成测试用例的方法。

1. 程序行为追溯模型

该模型的作用是记录待测程序的行为。给定变量 $v \in V$,表达式 $e \in E$,该模型的定义如下:

$$\text{trace} :: = \langle \rangle \mid \text{trace} \frown \langle (v, e) \rangle \mid \text{trace} \frown \langle (\epsilon, e) \rangle \mid \text{trace} \frown \langle (v, \epsilon) \rangle$$

其中:$V \subseteq E$,即变量也是表达式;$\langle v, e \rangle$ 表示用表达式 e 向变量 v 赋值;$\langle \epsilon, e \rangle$ 表示表达式 e 用作分支条件;$\langle v, \epsilon \rangle$ 表示变量 v 是输入参数。

以图 3-26 中的待测函数 testme 为例，它的追溯模型如下：

$$\langle (a,\epsilon),(x,\epsilon),(y,\epsilon),(i,x),(v,y),(a[i],v),(\epsilon,a[x]=1 \wedge a[y]=4) \rangle$$

我们定义若干针对 trace 的操作：一是 last(trace)，获取 trace 中最后一个元素；二是前缀操作 prefix(trace,item)，获取 trace 的前缀，且该前缀的最后一个元素就是 item：

$$p = \text{prefix}(\text{trace},\text{item}) \text{当且仅当} \exists u \cdot p \frown u = \text{trace} \wedge \text{last}(p) = \text{item}$$

为了获取输入参数和分支条件，还定义了针对 trace 的过滤操作，如表 3-5 所列。

表 3-5 trace 的过滤操作

L1	$\langle \ \rangle \uparrow \text{var} = \langle \ \rangle$	
L2	$(s \frown t) \uparrow \text{var} = (s \uparrow \text{var}) \frown (t \uparrow \text{var})$	
L3	$\langle (v,e) \rangle \uparrow \text{var} = \langle (v,e) \rangle$	如果 $v = \text{var}$
L4	$\langle (v,e) \rangle \uparrow \text{var} = \langle \ \rangle$	如果 $v \neq \text{var}$

类似地，针对表达式，也有这样的操作：$\text{trace} \uparrow \text{expr}$。

使用 $\text{trace} \uparrow \epsilon$ 操作，可以获取所有输入参数；使用 $\text{trace} \uparrow \epsilon$ 操作，可以获取所有的分支条件。

2. 逻辑内存映射

为了生成测试用例，需要记录变量的三种关系：一是数组和它的元素的关系；二是结构体/联合体和它的成员的关系；三是指针和它指向的内存单元的关系。使用向量来定义逻辑内存地址。

使用逻辑内存地址，而非程序执行时的实际物理地址，有两个优点：一是可以表达复杂类型变量的各个成员的关系；二是不同的执行时，同一个变量的实际物理地址可能会发生变化，而逻辑内存地址不会。

一个逻辑内存映射是从逻辑内存地址到其取值的映射，取值既可以是逻辑内存地址，也可以是简单类型的值（整型、浮点型）：

$$M :: = L \mapsto L \cup V$$

其中，L 是逻辑内存地址的集合，V 是简单类型取值的集合。

在符号执行过程中，M 的映射关系被更新。更新 M 的操作包括赋值、参数传递、返回值。另外，约束求解的结果也用于更新映射 M。

3. 约束求解

通过符号执行，记录了每次运行的程序路径及对应的路径约束。设最近一次执行的程序路径为 p，其对应的路径约束为

$$PC = \bigwedge_{i=0}^{n-1} c_i$$

其中：c_i 表示经过的各个分支语句的分支条件；n 是路径深度。

通过路径选择，可得到一条新的路径 p'，该路径对应的约束记为

$$PC' = \neg\ c_m\ \wedge\ (\ \wedge_{i=0}^{m-1} c_i),m < n$$

其中：$\neg\ c_m$ 表示在第 m 个分支语句处，分支条件取反。

为了表述方便，直接将新的路径约束记为

$$PC' = \bigwedge_{i=0}^{m} c_i$$

接下来，求解 PC'。如果 PC' 有解，则说明找到一条可达的新路径；如果 PC' 无解，则需要选择新的路径。求解过程如图 3 - 21 所示。

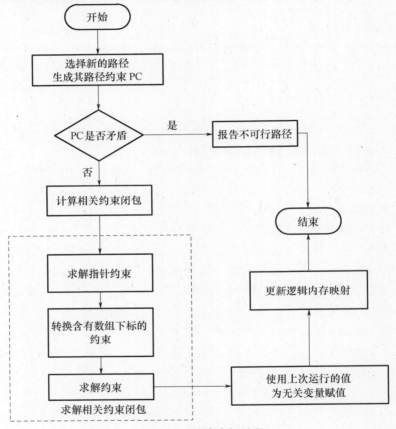

图 3 - 21　约束求解过程

为了提高求解的效率，我们应用了若干策略，包括矛盾式剔除、相关约束闭包计算等。

由于新的路径约束来源于最近执行路径的路径约束的某个分支条件取反，因此，如果该约束无解，那么必然是因为被取反后的分支条件不可满足，或该分支条件取反后与之前的某个分支条件矛盾。所以，首先判断 PC 是否矛盾，如果不矛盾，才继续进行约束求解。

因为 PC′ 中除最后一个条件之外的其余条件都是经过上一次执行的,必然是可满足的,所以只需要求解和最后一个条件 c_m 有关的条件,而无需求解整个 PC′。下面给出了两个条件有关的定义:

$$\forall c_1, c_2 \in PC \cdot related(c_1, c_2) \Leftrightarrow (vars(c_1) \cap vars(c_1) \neq \varnothing)$$

$$\bigvee (\exists c_3 \in PC \cdot related(c_1, c_3) \wedge related(c_2, c_3))$$

上述定义是一个递归定义,即两个条件有关,或是因为这两个条件包含了相同的变量,或是因为存在第三个条件,分别与这两个条件有关。给定路径约束条件集合 $PC = \{c_1, c_2, \cdots, c_m\}$,计算与 c_m 有关的条件的方法如表 3-6 所列。

表 3-6 计算有关条件

输入: $PC = \{c_1, c_2, \cdots, c_m\}$
输出:标志数组 related$[1\cdots m]$,0 表示无关,1 表示有关 有关变量集合 RVS

RVS: = vars(c_m)
Related$[m]$: = 1
repeat
RVS' = RVS
for i from 1 to m
    if (related$[i]$ = 0) and vars(c_i) $\cap$ RVS $\neq \varnothing$
    then related$[i]$ = 1
RVS = vars(c_i) $\cap$ RVS
until RVS = RVS'

常用的约束求解工具一般不能直接求解指针、数组相关的约束,需要专门处理这两类约束,将其消解为普通数学约束。

1) 指针相关约束

产生指针相关约束的操作有指针解引用和指针比较。对于第一种情形,将指针解引用的结果视为一个约束变元,留给通用的约束求解器处理,在此仅处理指针比较。

与数值型变量的比较不同,指针比较仅需要考虑相等/不相等。并且,有明确物理意义的指针常量是有限的,即空指针、各个可以直接访问的硬件端口的地址。指针变量之间的比较操作构成一个如下所示的 0-1 关系矩阵:

$$
\begin{array}{c}
\quad\quad 0\ I_1 \cdots I_m \cdots p_1 \cdots p_n \\
\begin{array}{c} p_1 \\ \cdots \\ p_n \end{array}
\left(
\begin{array}{ccc}
0 & \cdots\cdots\cdots & \cdots\cdots\cdots \\
\vdots & \ddots & \ddots \\
\cdots & \cdots\cdots\cdots & \cdots\cdots\cdots
\end{array}
\right)
\end{array}
$$

其中:0 表示空指针;$I_1, \cdots, I_m$ 表示硬件端口的地址。

以该矩阵为输入,指针约束的求解算法如表3-7所列。

表3-7　指针约束求解

输入:指针变量集合$\{p_1 \cdots p_n\}$
关系矩阵 matrix$[n, 1 + m + n]$
输出:指针变量的取值$\{v_1 \cdots v_n\}$,均初始化为$\perp$

```
for i from 1 to n
    if matrix[i][0] = 1 then
       v_i := 0
for i from 1 to n
    for j from 1 to m
        if matrix[j][i] = 1 then
              v_i := I_j
              value := 1
for i from 1 to n
    if v_i = ⊥ then
        v_i = value
        value := value + 1
for j from i to n
    if matrix[j + m + 1][i] = 1 then
        v_j := v_i
```

与直接将指针约束输入到通用的约束求解器相比,这种方法大大提高了求解的效率。设有 n 个指针变量,上述方法的时间复杂度为 $O(n^2)$。

2）数组相关约束

数组操作也增加了约束求解的难度,其直接原因在于,当数组下标是输入参数时,难以确定应当选择哪个数组元素作为约束求解的变元。设 $c(a[\text{index}])$ 是一个包含数组操作的约束条件,根据数组的定义,可以将该约束替换为下列形式:

$$\bigvee_{i=0}^{N-1} ((i = \text{index}) \wedge c(a[i]))$$

其中:N 为数组 a 的长度。

虽然这种方法容易实现,但存在两个问题:一是 $a[i]$ 可能被其他表达式所定义,即它并不是真正的约束变元;二是随着数组变量数量的增多、数组长度的变大,很容易发生空间爆炸问题。

第一个问题可以通过程序行为追溯模型加以解决。通过分析逻辑内存映射的变化,可以追溯到真正的变元。第二个问题在本质上其空间复杂度是多项式完全的,因此只能通过启发式搜索的方式在部分情况下较快求解。

4. 输入数据生成

根据约束求解的结果生成输入数据,主要流程如图 3 − 22 所示。根据变量的类型分为三个子流程,这三个子流程构成一个递归过程。

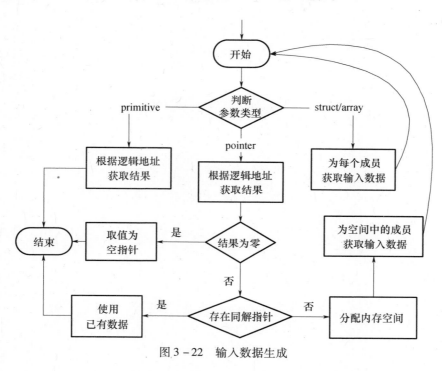

图 3 − 22　输入数据生成

对于基本类型的输入参数,根据其逻辑地址,从求解结果中获取对应的取值即可。对于结构体/数组这样的复合类型的输入参数,采用分而治之的方法,为其每一个成员获取输入数据。

对于指针类型的输入参数,情况略微复杂一些。首先需要判断其求解的结果是常量还是变量:如果是常量,则说明该指针变量为空指针或指向某个硬件端口,直接使用该常量作为这个指针变量的输入值即可;如果是变量,则说明该指针指向一块动态分配的内存地址。其次应当查询是否存在已分配过内存空间的同解指针变量:如果存在,则将同解指针变量的取值作为该指针变量的输入值;如果不存在,则需要分配内存空间,并将分配的内存空间的地址作为该指针变量的输入值。最后还需要为新分配的内存空间生成输入数据。直接递归调用该算法即可。

5. 并行生成测试用例

测试用例的生成依赖于多次迭代,每次迭代搜索一条新的可行路径,并生成后续需要搜索的路径。路径搜索的过程是可以并行化的。以下面的代码为例:

105

```
int max ( int x , int y , int z )
{
    if ( x > y )
    {
        if ( x > z ) return x ;
        else return z ;
    }
    else
    {
        if ( y > z ) return y ;
     else          return z ;
    }
}
```

它共有 4 条可行路径。首次执行时,将覆盖其中的一条路径。接下来以此路径出发,覆盖后续路径,直至所有路径均被覆盖。完成第一条路径的覆盖之后,可以选出两条后续路径,完全可以并行地同时覆盖这两条路径。图 3 – 23 给出了顺序测试与并行测试比较。

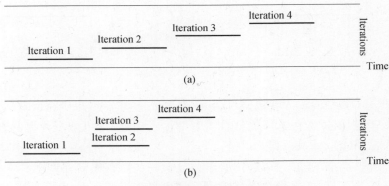

图 3 – 23 顺序测试与并行测试比较

采用中心控制的方式实现了并行生成测试用例,其架构如图 3 – 24 所示。

在上述架构中,共有工人、工作桩、协调器三种不同的角色。工人负责进行约束求解、符号执行、路径搜索等具体的测试用例生成工作。工作桩向工人分配路径覆盖任务,并与协调者、其他工作桩进行交互。协调器记录全局信息,判断已经覆盖了哪些路径,哪些路径是不可达路径,何时完成整个测试过程。

实际试验结果表明:当处理器核数为 2 ~ 4 时时间开销下降明显;当处理器核数为 5 或 6 时时间开销趋于稳定,如图 3 – 25 所示。

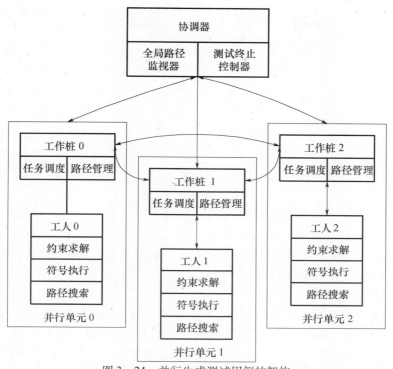

图 3-24　并行生成测试用例的架构

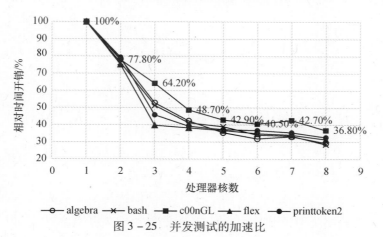

图 3-25　并发测试的加速比

3.4.2　应用实例

考虑图 3-26 中的待测函数 testme,该函数包括,整型数组 a、整型变量 x 和 y 三个输入参数,该函数还调用了一个子函数 op,输入参数也包括整型数组 a、整

型变量 i 和 v 三个。我们的目标是生成适当的测试输入,覆盖语句 ERROR。

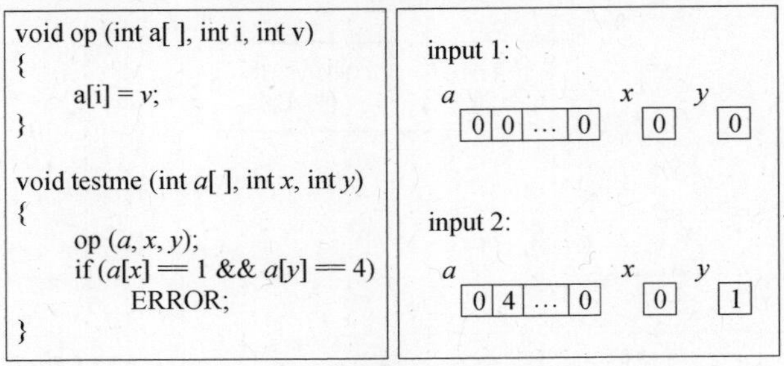

```
void op (int a[ ], int i, int v)
{
    a[i] = v;
}

void testme (int a[ ], int x, int y)
{
    op (a, x, y);
    if (a[x] == 1 && a[y] == 4)
        ERROR;
}
```

input 1:

a | 0 | 0 | ... | 0 | x | 0 | y | 0 |

input 2:

a | 0 | 4 | ... | 0 | x | 0 | y | 1 |

图 3 – 26　测试用例生成示例程序

由于待测程序包含数组元素访问,且数组下标就是输入参数,传统的符号执行难以定位究竟是哪个数组元素被用作分支条件。为了解决这一问题,采用具体执行与符号执行相结合的方法。首先,将所有输入参数初始化为 0,然后动态执行函数 testme,在执行过程中,通过符号执行技术,记录待测程序的行为。第一次执行的记录结果:

分支条件是 $a[x]=1 \wedge a[y]=4$,执行了该分支的假分支,且 $a[x]$ 是由 y 赋值的。因此,下一条期望的路径就是真分支,对应的条件是 $y=1 \wedge a[y]=4$。

求解该约束,得到 $y=1,a[1]=4$。x 未出现在约束中。根据约束求解的结果,生成新的测试输入,$y=1,a[1]=4$,其余在约束中的变量,仍然维持上一次的取值。

以新生成的输入执行待测程序,调用函数 op,使得 $a[0]=1$。此时,分支条件 $a[x]=1 \wedge a[y]=4$ 为真,覆盖了期望的语句。

3.5　数字虚拟仿真测试技术

嵌入式软件的测试应尽量在其真实运行的硬件环境下进行。为提高效率,目前的嵌入式系统多数采用软硬件并行开发的模式。而软件的研制过程开始时,往往不具备硬件环境,这样可能导致软件研制无法与硬件研制并行开展,不能尽早、及时的发现软件存在的问题,而且硬件测环境的通用性差,很多硬件测试环境属于定制环境,很难适合其他项目。正是由于硬件设备研制周期长、价格昂贵、可用数量少、测试手段限制等原因,导致软件研制进度受制于硬件研制,进而导致软件开发进度拖延、测试不充分。

利用数字虚拟仿真测试技术,可有效地解决航天软件研制过分依赖硬件环境,造成开发、测试过程受限于硬件,测试不充分等问题。数字虚拟仿真测试平台是数字虚拟仿真测试技术的载体,利用数字虚拟仿真测试平台可以快速构建虚拟测试环境,而且虚拟硬件可以重复使用,大大降低了硬件测试环境的开发时间和成本;同时数字虚拟仿真测试平台的测试手段丰富,易于实现各种测试设置,如模拟各种硬件故障、实现特定的测试输入、支持复杂的测试脚本等,从而大大提高测试的充分性。因此,数字虚拟仿真测试在航天嵌入式控制软件测试阶段的可信性保障中发挥着重要作用。本节将介绍虚拟仿真测试平台的功能与需求、关键技术以及一种面向航天嵌入式软件的通用软件数字虚拟仿真验证平台 VTest(Virtual Test)。

3.5.1 数字虚拟仿真测试平台的功能

数字虚拟仿真测试平台的主要功能包括两个方面:一是对嵌入式硬件系统和外围环境的仿真,简称系统仿真功能;二是为进行嵌入式软件调试、测试、运行时验证等而设计的功能,简称测试功能。系统仿真功能按不同层次可以分为CPU 模拟器、虚拟芯片、虚拟目标机、目标机外围环境、虚拟子系统、虚拟系统、虚拟系统生成器、虚拟系统运行时仿真框架,不同层次的系统仿真功能的复杂性不同。测试功能一般包括基本调试功能、运行状态监视和记录功能和运行状态控制功能。下面对这些功能要求进行详细说明,并给出了通用数字虚拟仿真测试平台的总体需求。

1. 系统仿真功能

系统仿真包括对嵌入式硬件系统进行的仿真以及对嵌入式系统所处的外围环境的仿真。例如,对于星载嵌入式系统,不仅要对星载嵌入式硬件系统进行模拟,而且要对星体动力学、轨道动力学、空间环境等进行模拟。

对嵌入式硬件系统和外围环境仿真(图 3-27)可以划分为以下几个功能模块和层次。

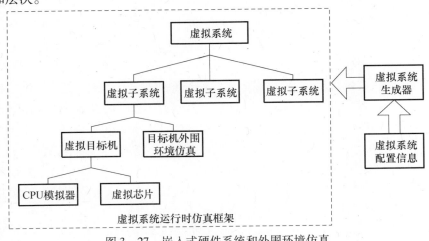

图 3-27 嵌入式硬件系统和外围环境仿真

1）虚拟系统运行时仿真框架

虚拟系统是由包括 CPU 模拟器、虚拟芯片、外围仿真等仿真模块构成的复杂软件仿真系统，除了需要像在真实系统中一样要维护仿真模块之间的静态连接关系外，当仿真开始运行后，需要在运行时动态进行仿真模块之间的仿真同步、数据传递、控制转移、事件通知等。因此，需要建立虚拟系统运行时仿真框架，在仿真运行时实时维护系统状态。

虚拟系统实现了对嵌入式硬件系统和外围环境的仿真，理想情况下，虚拟系统可以完全替代真实系统。但仅仅实现对真实系统模拟还远远不够，虚拟测试环境的优势体现在其对软件调试、测试和运行时验证等提高软件可信性手段能够提供最大化的支持，使得在硬件测试环境中难以进行或无法进行的测试和验证活动容易进行或可以进行。

（1）CPU 模拟器。CPU 模拟器对目标 CPU 的内核进行模拟，将目标机的指令转换为宿主机上的指令执行，从而实现在宿主机上执行目标机上的代码。用于软件测试目的的 CPU 模拟器是一种指令集模拟器（ISS），是用软件模拟一个处理器上程序执行过程的软件工具，它建立了处理器的仿真模型，通过模拟每条指令在目标处理器上的执行效果来模拟执行被测程序。ISS 模型主要对包括寄存器、寻址方式、指令集定义在内的处理器指令集体系结构设计进行模拟，建立了精确到指令周期边界的指令集体系结构（ISA）模型。

（2）虚拟芯片。虚拟芯片是对功能独立的芯片的软件仿真，其特点是与主处理器的接口简单，功能单纯，且往往是可编程的，如中断控制芯片、总线控制芯片等。

（3）虚拟目标机。虚拟目标机是对嵌入式目标机进行的软件仿真，通过 CPU 模拟器和虚拟芯片的装配可以构成虚拟目标机。

（4）目标机外围环境仿真。作为一个研究对象的软件所加载的目标机通常仅是一个系统中的一部分，要使对象软件象在真实环境中一样运行起来，必须对目标机外围环境进行仿真，外围环境为软件运行提供必要的资源。例如，为对卫星姿态控制软件进行测试，除了对姿态控制计算机进行模拟外，还需要对与姿态控制计算机关联的敏感机构、执行机构、数据管理系统、卫星姿态和轨道动力学进行建模仿真。

（5）虚拟子系统。虚拟目标机和目标机外围环境的仿真共同构成对子系统的仿真——虚拟子系统。一般来说，在虚拟子系统中可以对某个软件配置项进行调试、测试和验证。例如，构建卫星姿态控制系统的虚拟子系统就可以满足对卫星姿态控制软件的调试、测试和验证需要。

（6）虚拟系统。对于大型嵌入式系统往往由多个子系统构成，每个子系统完成特定的功能，通过各种总线、网络进行连接，协作完成系统功能。例如，卫星系统是由控制、推进、数据管理等多个分系统构成的复杂系统,甚至某个分系统本身就是包含多个子系统的复杂系统。在这种复杂系统中多台目标机、多个软件配置项同时运行,实时进行数据和控制交互。如果在这种复杂环境中对多个软件配置项同时进行调试、测试、验证,就需要对整个系统进行仿真,即构建虚拟应用系统。简单来说,多个虚拟子系统构成虚拟应用系统。在虚拟应用系统中,不仅能够对单个软件配置项进行调试、测试、验证,而且能够对各软件配置项之间的数据和时序接口进行验证,对整个系统的功能进行验证,尤其可以针对系统级的故障模式进行充分验证。

2)虚拟系统生成器

虚拟系统本身是一个复杂系统,但应具有能够快速构建的性质。软件研制人员可以通过虚拟系统的配置信息对被模拟的嵌入式系统进行描述,由虚拟系统生成器读入配置信息,快速构建出特定的虚拟系统,而不需要大量的重新编码、链接工作。

2. 测试功能

(1)基本调试功能:包括被测软件源代码浏览、目标码加载、反汇编、单步运行、全速运行、运行停止、复位、CPU 寄存器显示和修改、内存显示和修改、各种断点功能、变量监视等。

(2)运行状态监视和记录功能:包括目标码执行语句、分支覆盖记录、路径覆盖记录等;运行时间记录、内存使用情况记录、堆栈使用情况记录、中断及异常事件记录、状态保存、运行状态的实时监控等。

(3)运行状态控制功能:包括运行过程回溯和回放、并发事件触发、小概率事件重复触发、各仿真模块的故障触发、支持自动脚本控制、仿真速度尽量快等。

3. 总体需求

综上所述,构建数字虚拟仿真测试平台的总体需求包括:

(1)充分支持嵌入式软件调试、测试、验证的功能和性能要求,提供系统级仿真的能力。

(2)具备可扩展能力,对被仿真系统的处理器数量、芯片的数量、子系统的数量没有限定,对于处理器的种类、芯片的种类没有要求。

(3)具备异构能力,支持针对不同处理器的嵌入式系统进行模拟,不受目标处理器、语言、操作系统的限制。

(4)具有兼容性,支持不同仿真模型的集成,各仿真模型可以由脚本、各种编程语言、Simulink 等实现。

(5)具有通用性,并不局限于针对某种嵌入式系统。

(6)结构灵活,可以针对被模拟系统的复杂性,采取单一主机模拟或采用分布式网络环境模拟的形式。

（7）快速搭建，能够快速搭建对被仿真系统的虚拟测试环境。

（8）实时性高，虚拟测试环境的实时特性满足软件测试和验证的需要。

（9）仿真速度快，虚拟测试环境的仿真速度必须可以接受。

3.5.2　数字虚拟仿真测试平台构建技术

构建数字虚拟仿真测试平台，最主要的两项关键技术是体系结构设计和 CPU 模拟器优化技术，前者决定了平台的易用性、可扩展性，后者则影响着平台运行的效率。

1. 数字虚拟仿真测试平台体系结构

通过对数字虚拟仿真测试平台的需求和功能的初步分析，可以得知虚拟测试环境是集成了各种软件工具、软件模块的复杂软件系统。成功的软件系统必须具有良好的软件体系结构。平台体系结构的优劣，对于平台的功能完整性、易用性、可扩展性、可重用性、平台实现的复杂性等都将产生决定性的影响。

虚拟测试环境系统属于是由于软件密集的大规模系统，必须从一个较高的层次来考虑组成系统的构件、构件之间的交互，以及由构件与构件交互形成的拓扑结构，这些要素应该满足对总体设计目标的要求，据此开发的系统能完成系统既定的功能和性能需求。

在虚拟测试环境的体系结构设计中，应该考虑以下三个方面：

（1）虚拟测试环境构件设计。一般认为，构件是指语义完整、语法正确和有可重用价值的单位软件，是软件重用过程中可以明确辨识的系统；结构上，它是语义描述、通信接口和实现代码的复合体。

在平台需求进行分析的基础上，对平台功能进行概括、抽象和分解，形成各子功能的概念模型，研究各模型提供的服务功能和接口形式，形成面向不同功能和层次的虚拟测试环境构件，如 CPU 模拟器构件、虚拟芯片构件、虚拟子系统构件等。各种仿真模型被构件后，其具体的实现被隐藏，只用接口提供服务，可以满足对系统可扩展、异构、兼容的要求。

（2）协议层设计。在虚拟测试环境中，CPU 模拟器、虚拟芯片、虚拟目标机、虚拟子系统等在仿真运行过程中完成各自对象的仿真，并按照真实的接口操作方式和协议实时进行交互，交互方式包括端口操作、引脚电平触发、总线通信、网络通信等，而虚拟测试环境必须通过软件仿真的方式保证这些交互操作的与真实系统的接口一致、数据一致、动态特性一致。为此，在虚拟测试环境中需要建立不同层次的关于仿真控制、通信、数据存取、同步的协议，各构件将按照协议完成与虚拟测试环境中其他构件的同步和交互。

（3）体系结构设计。基于平台功能和性能需求，在平台构件和协议层设计

112

的基础上,进行虚拟测试环境体系结构设计。在进行平台体系结构设计时,需要重点考虑多CPU模拟器同步仿真、多子系统同步仿真、分布式同步仿真对体系结构设计的影响。

结构设计中涉及的关键问题包括:

(1)仿真模型构件化。对虚拟测试环境中存在的CPU模拟器、虚拟芯片、虚拟子系统等不同层次的仿真模型进行功能抽象、接口封装,形成标准化的构件供虚拟测试环境调用。

(2)仿真模型接口协议。仿真模型接口协议是仿真模型构件与平台进行数据和控制交互的标准,每个仿真模型都必须实现该协议才能与平台正确交互,而实现了该协议的仿真模型就能够被系统识别并正确交互。

(3)多CPU模拟器同步仿真。CPU模拟器是虚拟目标机的核心,一般以CPU模拟器的仿真时间作为整个虚拟目标机和虚拟子系统的时间同步基准。但当需要对多个子系统同时进行仿真时,就需要考虑多个子系统之间的时间同步问题,即多CPU模拟器同步仿真问题。

(4)分布式的虚拟系统仿真。航天嵌入式系统需要多个子系统配合完成任务,为此虚拟测试环境必须具备同时对多个子系统进行同时仿真的能力,并保证多个子系统间实时交互,满足时序和实时要求。在这种情况下使用单机对整个系统仿真,将造成单机负荷多大,影响仿真速度,为此需考虑基于多机网络,充分利用网络上的单机,实现多机协同系统仿真。涉及的关键技术包括高效的多机同步仿真、多机同步仿真数据传输协议等。

(5)虚拟系统自动生成技术。定义对虚拟系统进行描述的方式,形成虚拟系统的配置信息,自动生成针对特定嵌入式系统的虚拟系统,满足快速构建虚拟系统的要求。

2. CPU模拟器优化技术

仿真速度是考核虚拟测试环境的重要指标,而虚拟测试环境的仿真速度在很大程度上依赖于CPU模拟器的仿真速度,因此提高CPU模拟器的仿真速度是虚拟测试环境研究的一个重要内容。

目前有很多种常规的优化模拟器速度的方法,如穿线代码、译码指令缓存、JIT编译等。对于航天嵌入式应用,其使用的处理器具有多种体系结构,如x86系列、TI DSP系列、PowerPC系列等。针对不同的处理器,其对应的CPU模拟器也具有更适用的优化方法。因此,需要研究航天应用的不同处理器的体系结构、不同类型CPU模拟器的优化方法,综合运用多种速度优化技术,减少模拟执行一条目标机指令平均需要的宿主机指令数目,达到提高性能的目的。下面对所采取的模拟器优化技术进行介绍。

CPU模拟器的指令集模拟技术主要分为解释型模拟技术和编译型模拟技

术。对两种指令集模拟技术及其优、缺点的分析如下：

解释型模拟技术是最直接的一种模拟器实现方法，如图 3 - 28 所示，需要经过"取指— > 指令译码— > 执行服务例程"三个阶段。解释型模拟技术的优点是简单、易于实现；缺点是执行效率相对低，只有在目标机运行速度远低于宿主机器时才有实际可用性。

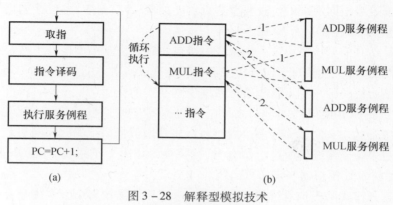

图 3 - 28　解释型模拟技术
（a）流程图；（b）解释执行过程。

穿线代码技术是对解释型模拟技术的一种改进。基于穿线代码技术的模拟器借鉴了硬指令（目标机指令）执行的特点，先将目标指令翻译成中间格式的代码，中间代码负责建立指令服务例程地址列表（图 3 - 29），在指令被第一次译码时利用中间代码记录指令的服务例程地址，之后如果发现指令已经被译码，则直接获取服务例程地址而不进行重复译码。穿线代码技术需要四个步骤：①取得第 PC 条待执行指令的地址 S；②执行起始地址是 S 的第 PC 条指令的服务例程；③更新 PC；④跳到步骤①。

对比图 3 - 28 和图 3 - 29 可以看出，解释型模拟技术中每条指令执行都需

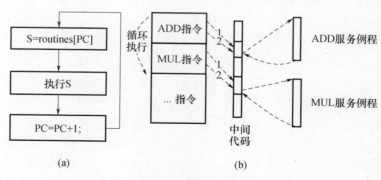

图 3 - 29　穿线代码技术
（a）流程图；（b）穿线代码执行过程。

114

要对指令进行译码产生服务例程,图中指令到服务例程的线上数字 n 表示对应地址的指令第 n 次译码过程。穿线代码技术对于将要执行的指令只进行一次译码,并将指令对应的服务例程的地址缓存起来;模拟器在执行过程中,如果再遇到这个指令不用再重复译码,找到对应的服务例程执行即可。

穿线代码技术作为解释型指令集模拟器技术的一种改进方式,从两个方面提高模拟器的执行效率:一是穿线代码省去了解释执行过程不必要的重复译码过程;二是穿线代码省去了函数调用、返回等不必要的开销。穿线代码执行过程如图 3 – 30 所示。

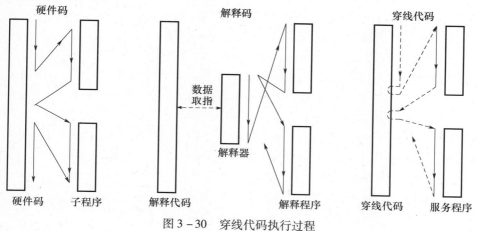

图 3 – 30 穿线代码执行过程

采用穿线代码技术,将译码和调度执行服务程序分成两个独立的阶段,其中译码阶段对目标指令进行解析并缓存结果,调度执行阶段根据缓存的中间码直接进行模拟执行,因此要求中间码包含足够的信息以满足执行的需要。

穿线代码模拟器的主体具有三个过程,分别是取指、译码和执行,只是取值、译码过程仅执行一次。

(1)取指操作:取指操作根据指令首地址从模拟的存储器中获取固定长度的机器指令字节(在译码和执行过程中再判定机器指令的长度)。

(2)译码操作:译码操作分离出操作码、操作数,并识别出机器指令对应的指令模拟程序。

(3)执行操作:利用 X86 的 JMP 指令控制执行完一条指令的模拟程序后直接跳转到后继指令的模拟程序继续执行,并同时将覆盖率信息保存在中间码中。在这个过程中,使用一个全局变量表示停止标志,一条指令执行后先判断是否停止运行,如果是则停止模拟器运行。指令模拟执行过程如图 3 – 31 所示。

解释型模拟技术实现简单、直观,但译码过程十分消耗时间,判断分支多难以优化,会造成模拟速度低,合理引入穿线代码、译码指令缓存等优化方法可以增加解释执行的效率。

编译型模拟技术与解释型模拟技术相比，可以使模拟速度有很大提升，编译型模拟技术的基本原理是将复杂的译码工作从运行时刻转移到运行前进行，即在模拟器运行之前已经完成译码，运行时执行的是译码后的代码，这样就省去了每执行一条指令都需要译码的时间，从而提升模拟速度。同时，在运行前的译码过程中将目标指令直接转化为宿主机指令序列，这样不仅提前完成了译码工作，而且经过编译器的优化，模拟执行的速度也可以提高。但编译型模拟技术的实现较为复杂，并且要求执行的被测软件是固定的，如果被测软件中存在自修改代码，则自修改的代码是在运行时刻产生的，没有经过前期的译码和编译将不会被正确执行。为了解决自修改代码问题，又出现了动态编译技术，该技术是执行时将目标码动态转换为执行效率更高的代码，省去了执行每条指令是的解释过程。常见的动态编译方法有即时编译（JIT）、热点动态编译（HotSpot）、持续重新编译等。

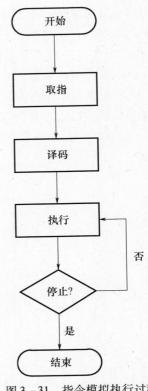

图 3 - 31　指令模拟执行过程

解释型模拟技术和编译型模拟技术通过优化方法都能够使模拟器的速度得到提升，但随着其实现方法的复杂程度提高，方法本身占用的开销就越大，如果实现不当，方法带来的效率会被自身增加的开销消耗掉。在实际过程中，常常会几种方法同时使用。

3. 数字虚拟仿真测试平台工作原理

数字虚拟仿真测试平台的主要功能是通过定义虚拟目标机描述语言，由用户实现对虚拟目标机的描述、控制器软件加载虚拟目标机描述、动态构建虚拟目标机的模拟，嵌入式软件的研制软件可以在虚拟目标机上进行软件开发和测试。其工作原理如图 3 - 23 所示。

平台构建与工作过程如下：

（1）按照 CPU 接口定义，开发 CPU 模拟器软件。

（2）按照虚拟芯片接口定义，利用虚拟芯片开发函数库开发虚拟芯片。

（3）利用虚拟目标机描述语言对虚拟目标机进行描述。

（4）控制器软件读入虚拟目标机描述，构造虚拟目标机模拟。

（5）目标机外围系统仿真。

（6）软件研制人员通过控制器软件提供的调试和测试功能对被测软件进行调试和测试。

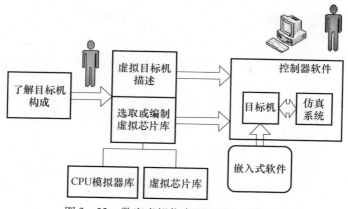

图 3 - 32　数字虚拟仿真测试平台工作原理

3.5.3　数字虚拟仿真测试平台

1. 数字虚拟仿真测试平台的结构组成

数字虚拟仿真测试平台（VTest）的基本构架如图 3 - 33 所示，其中运行时核心控制整个仿真验证环境的运行，包括调度各种仿真模型运行、时钟或中断等离散事件控制等。VTest 中定义了标准的接口，各种仿真模型，包括 CPU 模拟器、虚拟芯片（IO 芯片仿真）、其他仿真模型等都是通过这一接口接受运行时核心的调度，完成模型间的数据交换。各种仿真模型在运行时核心的统一调度下构成虚拟目标系统。被验证的目标软件，不需要任何修改就可以在虚拟目标系统中运行。

在人机界面层配置了 VTest 集成环境界面用于完成软件调试、界面显示等任务，在人机界面层还配置了覆盖率分析工具用于分析测试覆盖情况、目标码解析库用于解析被验证软件编译后的目标文件。

VTest 中的各种仿真模型都可以封装成独立的 Windows 动态链接库，以便于通过"搭建"的方式快速构建虚拟目标系统。VTest 中建立了高速 TSC695 CPU 模拟器模型库以及常用的芯片仿真模型库，如 CAN 总线、1553 芯片等。在构建虚拟目标系统时，只需要从已有的仿真模型库中选取所需的模型库，并进行必要的配置连接即可，避免了重复开发工作。

同时，VTest 提供了扩展编程接口，用户可以自己开发各种所需的仿真模型库，包括最为复杂的 CPU 模拟器。

2. 数字虚拟仿真测试平台的特点

（1）足够精准的时序仿真功能。在兼顾仿真速度的同时，考虑了跳转、陷阱

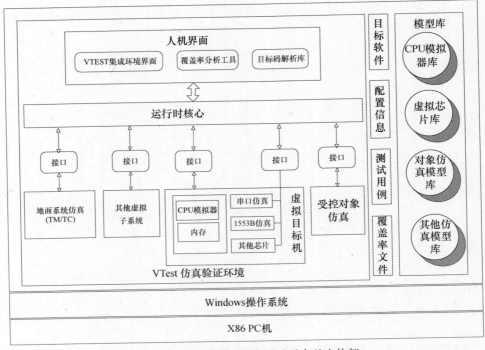

图 3-33　数字虚拟仿真测试平台基本构架

(TRAP)机制等影响 CPU 运行速度的因素,提供了远超其他厂商同类产品的精确时序仿真功能,能够保证嵌入式软件中微秒级别的实时性要求。

(2)强大的系统扩展能力。提供 API 接口,能够对功能芯片、FPGA 逻辑、甚至新的 CPU 进行仿真,有效扩展系统的仿真能力。用户可以开发自己的界面显示、用例输入界面等,对使用体验进行重新定制。

(3)正/逆向执行能力。支持以各种时间粒度,正向或逆向控制程序执行一个指定的时间片,从而避免遇到软件错误,每次都从头再来,使得开发人员可以很迅速地对问题进行追本溯源。

(4)全面支持软件配置项测试。全面的测试数据收集系统,中断现场记录、函数性能覆盖率自动分析、目标码覆盖率统计,有效提高配置项动态测试的覆盖性。

(5)故障注入功能。支持对寄存器、内存进行任意修改,支持任何时刻中断或陷阱的触发,可在任何时刻进行各种形式的故障注入。

(6)100%的非入侵性。无论统计软件何种运行时信息(如覆盖率统计、性能分析等),均不需要插桩,不对目标码进行任何修改,保证了测试目标码与实际运行目标码的一致性。

(7)图形化目标系统配置。提供图形化拖拽的方式,进行虚拟目标系统的

118

快速配置。

3. 数字虚拟仿真测试平台应用实例

以某型号巡视器中心计算机系统软件和应用软件为对象,应用 VTest 构建了软件测试平台,并基于该平台开展了该软件的动态测试。

1)环境设置

VTest 运行于一台型号装有 Microsoft Windows 7 操作系统的虚拟机,CPU 为 Intel Xeon X5690(3.47GHz,双核),内存2GB。部署了 .NET Framework 4.0。

2)应用过程

(1)创建 VTest 项目。建立系统软件的软件项目,将源代码和目标码导入 VTest 项目,并对 VTest 项目的信息进行配置,项目配置信息包括项目基本属性(项目名称、项目版本等)、处理器设置(处理器类型、处理器时钟频率等)、内存配置(内存起始和终止地址、内存类型)、外围器件设置(总线仿真、串口仿真、测试驱动模块等)和编译选项设置(目标码文件、目标码解析模块、源代码等)。

(2)为系统软件和应用软件开发 VTest 测试驱动的各个模块,形成巡视器中心计算机软件动态测试仿真平台,结构如图 3-34 所示。

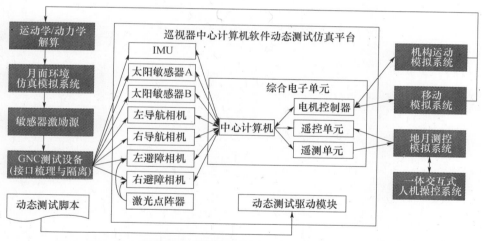

图 3-34　用于巡视器系统软件和控制软件动态测试的测试平台结构图

注:图中底色为白色的模块是基于 VTest 系统开发的测试平台部件,底色为深色的模块是测试外围的地面监控仿真以及动力学/运动学仿真,直接采用了型号研制过程中已有的仿真模块。

(3)设计动态测试用例,编写动态测试脚本,运行测试用例。测试用例覆盖了目标系统运行的 10 种不同工作场景,设计了 33 个测试用例。

3）应用结果

建立的巡视器中心计算机软件动态测试仿真平台为巡视器中心计算机系统软件和应用软件提供了运行环境,使系统软件和应用软件能够基于该平台进行调试和动态测试。该平台已用于巡视器中心计算机系统软件和应用软件的研制及第三方测试。

基于该测试平台,运行了 33 个测试用例。测试中利用了 VTest 的加速运行功能,将测试时间缩短为机器时间的 1/8,大大提高了测试效率;利用 VTest 提供的目标码覆盖率分析功能分析了测试覆盖情况,确认了测试覆盖情况。

第4章
嵌入式软件形式化验证

形式化程序验证是使用逻辑推理系统来保障计算机程序正确性的方法之一。可以通过形式化的程序逻辑来验证一个程序是否满足已给定的规范,形式化程序验证是保障安全攸关系统软件可信性的有效方法之一,将成为更加有效实现"零缺陷"的技术。

形式化方法包括形式化描述和形式化验证两个重要的研究内容。形式化描述是用具有精确语义的形式语言描述系统的模型,它是验证系统各方面性质是否满足的重要依据。形式化描述通常考虑到一致性和完备性等性质。形式化验证与形式化描述有着紧密的关系,要解决的问题是已有的系统是否满足形式化描述的要求,这是形式化方法最为关注的问题。

嵌入式软件形式化验证的思路是利用严格的数学形式方法描述软件的操作行为和语义,建立语义模型,并验证其代码实现了设计预定的功能需求。它包含三个层次(图4-1):顶层是需求概念层,包括软件概念、想法和期望,例如,软件的功能性能等需求、基本工作原理、应满足的安全属性和策略等。这些并不是形式化的逻辑表达,不能用来进行推理证明。中间层是形式逻辑描述层,包括软件系统的需求规格说明、各种属性描述和系统形式化模型。需求概念层中非形式化的概念可以转化为软件需求规格说明中的属性和公式项。

另外,需求规格说明还包括对软件的行为以及系统状态改变的抽象描述。在软件需求规格基础上构建形式化模型,该模型对系统中所有的主体以及资源抽象成对象,并采用一定的逻辑系统(如一阶逻辑、二阶逻辑以及高阶逻辑等),将对象、行为、状态转化以及安全属性等使用形式语义(如操作语义、指称语义以及公理语义等)进行描述,从而获得系统语义模型。中间层也是后期系统验证的基础,包括功能和安全目标与形式化设计的一致性、形式化设计与代码实现的一致性。

底层是实现层,包括系统的软、硬件实现和系统运行所处的外部环境等因素。对这一层的验证目前主要是进行系统模型和代码实现的一致性验证。由于硬件和系统运行环境很难用形式化的方法来描述,为此对于该层的完整形式化描述和验证尚无完善的解决方案。目前,很多研究者都根据验证的需求对系统进行不同层次的抽象,如将系统抽象成高级语言层、汇编层以及机器代码层,相应的验证工作包括各层的正确性及层与层之间的一致性。

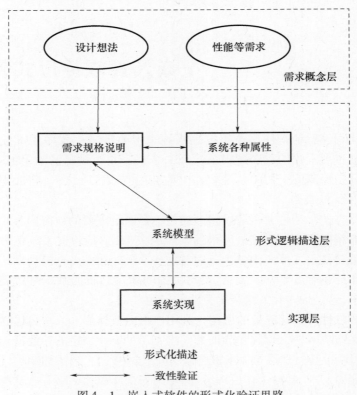

图 4-1　嵌入式软件的形式化验证思路

　　形式化方法和技术的关键是为待设计或验证的系统建立具有严格语义的形式化模型(也称为规约),并以模型的语义为基础,利用具有严格数学基础的、自动化或交互半自动化的方法和工具对系统所关心的性质进行推理(也称为验证)。从系统规约方法上看,通常有基于逻辑的方法、基于自动机理论的方法等;从系统验证方法上看,通常有模型检验和定理证明等。在软件保障技术中,根据系统对象的不同,存在模型层次上的建模与验证和代码层次上的建模与验证。

4.1 模型检验

20 世纪 80 年代初,Clarke、Emerson、Queille 等人共同提出了"模型检验"技术。其验证的对象是程序(或者切片)的数学抽象,称为模型,它允许验证者精确的制定待检验的性质。从本质上讲,模型检验是一种自动验证有穷状态系统的技术。它的基本思想是通过遍历系统模型的状态空间来检验系统模型是否满足给定的性质。在模型检验中涉及性质说明语言(主要用来描述系统的性质)和模型描述语言(主要用来描述系统的模型)两种形式的说明语言。用于性质描述的语言主要有各种时序逻辑,如线性时序逻辑(LTL)、计算树逻辑(CTL)、属性描述语言(PSL)等。模型描述语言则根据模型检验工具的不同有不同的语法和语义。

自 20 世纪 80 年代以来,模型检验技术得到了非常广泛的应用,已被证明是一种行之有效的自动化验证技术,具有下列优势:

(1)自动化程度高。完全自动化执行,不需要任何人工交互。

(2)可检验非平凡规约。待验证的性质往往采用时序逻辑公式书写,能够非常灵活的表述诸如"安全性""活性"等时序性质。

(3)算法的终止。从理论上讲,在"足够大"的时空开销内,模型检验针对有穷状态系统时算法总会停机。

(4)诊断信息。当不满足规约时,会生成一条反例路径,能够揭示为何违反规约性质,可以作为诊断信息,帮助设计者修正系统的错误。

模型检验包括三个主要步骤系统建模、建立规范和系统验证。通常用 M(model)表示一个系统的有限状态模型。P(property)描述系统需要满足的性质。

(1)系统建模。在此阶段需要把系统的有限状态模型 M 用形式化语言描述,即将系统的状态集合及状态迁移关系进行形式化描述。系统建模的关键是正确地描述好系统的状态迁移关系,这是进行规范验证的前提条件。此外,还要尽量使用精简的方式来描述系统,避免因为引入过多的变量而造成的系统状态爆炸问题。

(2)建立规范。通常将需要验证的系统性质表示为时态逻辑表达式,从而能够断言系统随着时间演变的行为变化。但由于模型检测方法是基于语义推导的,因此并不能确定给定的规范涵盖了系统应满足的所有性质。

(3)系统验证。在理想情况下,系统验证过程是由模型检测器自动进行的。然而在实际应用中常常需要人工参与。如果系统不满足规范,模型检测器往往会把出错的路径呈现给设计者,并能帮助设计者跟踪到出错的地方。

模型检验的瓶颈问题是状态爆炸问题。由于并发系统的子系统和数据值的组合,使整个状态空间呈指数增长,直接对其状态空间进行搜索在实际上不可行,这就是"状态爆炸"。如何有效缓解"状态爆炸"是模型检测能被广泛使用的一个重要前提。提出了许多方法,主要包括对称技术、偏序规约技术、抽象技术、局部模型检测技术、基于二分决策图的符号化模型检测以及限界模型检验技术。

（1）对称技术。对称技术主要对系统中的状态引入了等价关系的概念,例如模型检验中的一个状态量状态已经存在,就可以抛弃这个状态。在程序中会产生大量的对称状态,关注程序中与对称有关的问题,例如分析 JAVA 程序时,关注堆栈中的对称状态,避免分析以前分析过的等量状态。

（2）偏序规约技术。基于并发异步模型利用某种序关系,以减少重复验证本质上相同的路径。其行为通常采用交替序列方式,它是通过各个原子转换以及不确定顺序交替执行来表示并发行为的,其计算模式是一个线性状态序列 S_0 , S_1 ,…。偏序规约技术考虑固定某些状态的次序,从而只需验证所有可能执行路径集合中的一个子集即可。

（3）抽象技术。通过把原来模型中与待验证的性质无关的信息去掉而获得简化模型的方式来减小模型检测问题的规模,以降低验证过程的时空消耗。

（4）局部模型检测技术。根据验证性质的需要展开系统路径所包含的状态,以避免预先生成系统中所包含的所有的状态。一旦验证算法找到一个反例,算法即可终止,而不必生成剩余的状态空间。

（5）基于二分决策图（Binary Decision Diagram,BDD）的符号化模型检验。将系统的迁移、状态、初始条件、公平性约束等转化成为 BDD。同时,根据系统 BDD 的信息归纳构造待验证的性质（取非）的二进制决策图。最后,只需判断系统初始条件的 BDD 和取非后的规约 BDD 之交是否等价于逻辑假即可。由于在 BDD 上可以进行高效的操作,因而基于 BDD 的符号化模型检验的效率非常高。

（6）限界模型检验技术（Bounded Model Checking,BMC）。另外一种符号化模型检验算法的实现。核心思想:首先取定一个固定的界值 k,检验在步长不超过 k 的执行序列中,有无违反给定时序性质的路径。如果发现,就停机报告错误;否则,增加 k 值,继续检查。对于实际违反性质的情况而言,限界模型检验的效率非常高。但是,BMC 本身是一种不完备的检查方式,它不能发现长度超过给定阈值的反例。

4.1.1　软件模型检验技术

提高软件质量一直是计算机界研究的重点。传统的软件测试,使用针对性的测试,可以指出软件存在的特定缺陷,但是由于测试并不能够无穷的进行,所以此方法不能指出所有的错误,同时不能证明软件的正确性。形式化方法使用数学方法,能较好地证明系统的完整性、正确性、安全性。形式化方法中的模型检验技术因其高效、自动化而成为保证软件可信的手段之一。

自模型检验技术提出以来,人们将其应用到硬件驱动和协议的开发中。其中,符号化方法能够检验 10^{120} 个状态,使模型检验技术能满足硬件驱动和协议的验证需求。模型检验在硬件、协议验证上获得巨大成功后,人们将模型检验的应用对象的研究重点放到软件系统中。同时,随着软件规模越来越大,使得人工验证软件变得越来越难,而且人工验证本身是否可靠也是一个很大的问题。因此,软件模型检验研究的目的是扩展自动验证技术的应用领域,将其用于程序的推理,无论是在程序处理的验证还是性质的验证上,都要最大程度地增加自动化的比例,从而减轻人力,尤其是专家程序员的工作量。

软件系统中使用模型检验的步骤:对待检验系统进行建模;用模型性质描述语言对程序性质进行描述;使用模型检验工具检验模型是否满足性质。软件模型检验过程如图 4-2 所示。

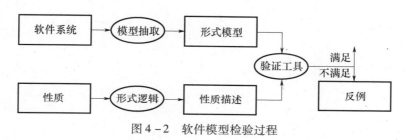

图 4-2　软件模型检验过程

软件模型检验的一个非常重要的过程就是对软件模型的抽取。软件系统抽取模型的方法大概分为如下六类:

(1)手工抽取软件模型。

(2)选取软件实现语言的一个子集,为此子集定义模型检验相关的语义,使用此子集编写模型检验程序。

(3)选取软件实现语言的一个子集,赋予此子集形式化语言的语义,用其表示软件的形式模型。

(4)从软件的源程序中抽取出中间模型,最后将其转换为模型检验算法可以识别的形式模型。

(5)把设计模型转换成为形式语言,如对设计阶段的 *UML* 状态图、活动图、行为图进行转换并进行模型检验。

(6)通过遍历可执行的路径来检验性质。

软件模型检验中,常用时序逻辑公式来描述系统需要被验证的属性,如 LTL、CTL、CTL * 等。LTL 的语义定义在线性结构上,是最早作为规约语言的时序逻辑。它具有直观、简洁的表达能力,是目前采用最为广泛的规约语言。人们也在不断地设计和扩展可检验性质的表达能力,如扩展时序逻辑(Extend Temporal Logic,ETL)是采用自动机作为时序连接子的时序逻辑。这类逻辑秉承了表达能力强,简洁直观的特点,它还允许用户自定义时序连接子。ETL 的许多变种,如 Intel 的 FTL、IBM 的 PSL 在工业界得到了广泛应用。PSL 是 IBM Haifa 实验室在 ETL 的基础上提出的新变种,它的语法成分中包含了扩展正规表达式(Extended Regular Expression,ERE)、时序算子。另外,为方便用户书写规约,PSL 内置了 47 个模式。目前,PSL 已经正式被列为工业标准。此外,目前有希望的性质规约语言还有 SLIC。

4.1.2 嵌入式软件模型检验技术

在嵌入式软件验证领域,现在主要集中在以下三个方面:

(1)在已有代码和形式化规约中建立起关系。这主要表现在对那些一直在使用的代码做形式化验证。目前并没有很好的工具来解决它们的验证问题。

(2)对实时操作系统的形式化验证。实时操作系统作为嵌入式系统中的典型代表,其在很多领域都有应用。实时操作系统作为嵌入式系统中的基础软件,其正确性非常重要,它直接影响整个系统的安全性。对实时操作系统做验证主要关注时间属性和功能性属性。对实时操作系统功能性建模主要关注操作系统的以下机制:任务调度器、内存管理机制、进程间通信(IPC)以及与硬件相关的接口等,如图 4-3 所示。

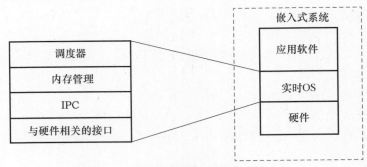

图 4-3　实时操作系统功能性模型检验

(3)验证并发的嵌入式 C 程序。这方面的研究主要是基于反例指导的抽象精化技术,它是一种完全自动化的技术。通过使用谓词抽象的技术来避免状态空间爆炸问题,如图 4-4 所示。

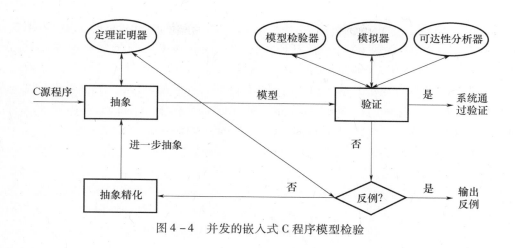

图 4 - 4　并发的嵌入式 C 程序模型检验

4.1.3　模型检验工具

1. SPIN

SPIN 是由美国贝尔实验室研制开发的模型检验工具,其输入语言是Promela(PROtocol/ PROcess MEta LAnguage),该语言支持字符型、整型、布尔型、字符串、子界、数组以及通道等数据类型。Promela 语言的风格类似于 C 语言,其最大特点是支持"非确定赋值"。该种语言主要面向协议和进程进行建模,因而特别适合于描述具有异步迁移特征的模型。SPIN 将 Promela 描述转化为状态迁移图,以显式的方式进行存储,采用基于状态搜索的方法执行模型检验过程,其归约语言是 LTL。在 SPIN 的后续版本中,陆续采用了对称规约、抽象等方法对模型进行优化,并增加了对嵌入 C 代码、多维数组等重要机制的支持。

2. SMV

SMV(Symbolic Model Verifier)是 CMU 的模型检验工具,其输入语言是 SMV 语言,能支持多种数据类型,程序以模块的方式进行组织。模块可以实例化,同时支持同步、异步两种实例化方法。模块的主要任务在于完成对变量的赋值的定义(以 ASSIGN 关键字引导)、迁移约束的定义(以 TRANS 关键字引导)、不变式约束的定义(以 INVARIANT 关键字引导)以及对公平性的定义(以 FAIRNESS 等关键字引导)。其中,赋值语句是模块的核心;赋值语句可以以非确定的方式进行。SMV 的输入规约语言是 CTL。NuSMV 是 SMV 的改版,它支持 LTL 以及 RTCTL 的规约输入。SMV/NuSMV 的检验方法是基于 BDD 的符号化模型检验,它能够处理状态数目超过 10^{20} 的模型。

3. Uppaal

Uppaal 是乌普萨拉和阿尔伯格大学联合开发的实时系统验证工具,其内部标志是一种基于 XML 的 tag 语言，模型的表现形式为 Timed Automata，用户以图形方式对模型进行输入。因此，其模型是一种同时包含离散变量和连续变量（时钟）的混成系统。Uppaal 除能够检验规约的正确性之外，还能够检验方案的可调度性，这一点在实时系统中非常重要。在执行检验的时候，一个重要步骤就是将系统有穷化——将 Timed Automata 转化成为 Region Automata，其内部表示采用 TDD，即时钟之间的最小差距矩阵。Uppaal 的规约语言是受限的 RTCTL（目前不支持时序算子的嵌套）。另外，基于 Uppaal 引擎有一系列的工具变种。如 Times 和 Tiger，它们的主要用途在于实时系统规划。

模型检验技术也朝检验软件源代码的正确性方向发展。与上述模型检验工具不同，SLAM、MAGIC、BLAST、CMC、CBMC 等模型检验工具试图用模型检验的方法来验证程序源代码的正确性，其输入语言是 C 语言。这些工具，针对待检验的性质，从输入的 C 代码中建立中间表示。由于程序的状态空间往往是无穷的，如何从代码抽象获得相应的有穷表示便成为问题的关键。SLAM、MAGIC、BLAST、CMC 等大多数工具使用了谓词抽象技术来抽象获得程序的有穷保守模型；而 CBMC 通过对程序的无穷因素进行限界获得有穷模型，成为限界模型检验方法的代表。值得注意的是，这些面向源代码的模型检验工具在操作系统的代码验证（如驱动、文件系统等）上都进行了有益的实践，发现了公开源码操作系统 Linux 中不少以往未发现的错误。

目前，在国际上如何将模型检验技术应用到软件保证是一个前沿研究，一方面，人们开展了一些成功的实践，展示了该项技术较好的前景；另一方面，它在实际软件系统的应用中仍需要用户的建模、精化甚至对相应模型检验工具的适应性扩充。

4.1.4　面向源程序的模型检验应用举例

在源程序模型检验理论的基础上，针对规约性质描述问题，提出一种与源代码独立的、语法简单易用的、符合程序员开发习惯的规约描述语言，并给出一种轻量级的程序模型检验方法，它基于程序控制流图的路径遍历，支持函数过程内验证、函数过程间验证、规约检查。

1. 规约描述语言

现有的源程序模型检验工具如 BLAST 等需要在源程序中使用 Error 或 Assert 添加错误状态标注，才能执行模型检验算法。当源代码文件过多时，大量的手工插装代码不仅影响工作效率，而且影响源程序结构，易出现错误。SLAM 虽有规约描述语言，但其语言较复杂、易用性差，且该工具是微软针对 Windows 操作系统 API 函数使用规则进行检验的工具，应用范围较窄。针对规约性质描述问题,基于状态机模型提出一种规约描述语言,考虑该语言的易用性、扩展性,该语言的设计需达到如下目标:与源代码独立,无需修改源代码;语法简单易用,开发人员能够快速编写规约;描述能力强,易于扩展。基于以上原则提出的规约描述语言,它基于状态机理论,采用模式匹配的方法来指定 C 程序的时序安全性质。表 4-1 列出了规约描述语言的语法定义。

一个规约是一系列声明语句的集合,分别是状态机状态、模式匹配表达式、状态迁移、初始状态和错误状态,每一条声明语句以分号结尾。规约描述语言语法通俗易懂,其模式匹配表达式采用类 C 语言定义,对 C 语言常见的空指针引用、时序安全问题都有很强的描述能力。

表 4-1　规约描述语言的语法定义

语法	说明
specification∷= declaration +	一个规约由若干个声明语句共同组成
declaration∷= statedeclarationl patterndeclarationl transitiondeclarationl initialstatedeclarationl errorstatedeclaration	声明语句,包括状态声明、模式声明、状态转移声明、初始状态声明以及错误状态声明
statedeclaration∷= state namestring:	状态由关键字 state 声明,由状态名 name,状态描述字符串组成
pattemdeclaration∷= patternname '\\"'pattemexpressin'\\":	模式由关键字 parlern 声明,由模式名 name,表达式 patternex-pression 组成
transitiondeclaration∷= transi-tion name name｛direction｝? name	状态转移由关键字 transition 声明,前两个 name 表示状态转移时的开始状态和到达状态,第三个 name 表示触发状态转移的模式名,direction 是转移类型,用于路径敏感
initialstatedeclaration∷= initialstate name string	初始状态由关键字 initialstate 声明,由状态名 name、初始状态描述字符串组成
errorstatedeclaration∷= er-rorstate namestrig	错误状态由关键字 errorstate 声明,由状态名 name、错误状 dyn 描述字符串组成
direction∷= '+'|'-'|	状态转移类型,'+'表示 true,'-'表示 false,表示空
Name	名称标识符,可以是任薏合法的 C 语言标识符
pattemexpression	模式表选式,是 C 语言表达式的扩展

2. 关键算法

一个规约在语义上等价于一个状态机,模式表达式在与当前程序点匹配成功后会触发状态机进行状态迁移。针对作用域的不同,规约状态机分为两种:一

129

种面向全局的安全性质;另一种是面向特定的程序对象(变量、表达式等)。基于程序控制流进行规约检查时,全局状态机会维护一个状态机实例,而后者根据特定的程序对象会生成若干个不同的状态机实例。因此,判断一个程序控制路径是否存在错误就等价于状态机实例是否迁移到错误状态。以 C 程序中常见的文件打开和关闭操作为例,简要介绍该算法如何通过规约描述语言定义的转移关系和错误状态来检验程序中的错误。图 4-5 给出了检验文件重复打开关闭的规约描述,图 4-6 给出了状态机模型。

```
1    state opened "opened";
2    state closed "closed";
3    state wrong "Wrong";
4    state START "";
5
6    pattern open "%OR{
7    open(%X);
8    fopen(%X)
9    }"
10   pattern close "%OR{
11   close(%X);
12   fclose(%X)
13   }"
14
15   transition START opened open;
16   transition opened wrong open;
17   transition opened closed close;
18   transition closed wrong close;
19
20   initialstate START "start from here";
21
22   errorstate wrong "double opened or double closed";
```

图 4-5 检验文件重复打开关闭的规约描述

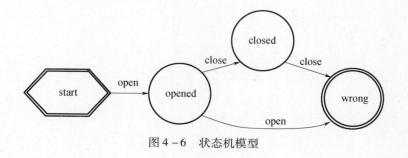

图 4-6 状态机模型

图 4 - 7 给出了文件操作的程序控制路径,分析算法从程序入口点进入后,会维护一个全局状态机实例 start。当程序执行到 fopen 函数时,模式匹配表达式 fopen(v) 匹配该函数,则分析算法创建变量 p 的状态机实例并将 p 的状态由 start 迁移至 p. opened。当程序执行到 fclose 函数时,模式匹配表达式 fclose(v) 匹配该函数,则分析算法将 p 的状态由 p. opened 迁移至 p. closed。当程序再次执行到 fclose 函数时,模式匹配表达式 fclose(v) 匹配该函数,则分析算法将 p 的状态由 p. closed 迁移至 p. error,此时状态机实例迁移到错误状态,出现文件重复关闭错误。

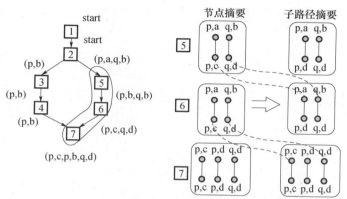

图 4 - 7   文件操作的程序控制路径

函数过程内验证算法将给定的源代码预处理、语法分析后得到抽象语法树,并在此基础上得到函数调用图、控制流图作为程序的初始抽象模型;然后从程序入口节点,以深度优先遍历对控制流图进行逐条路径展开,对路径中每个节点的分析时,验证算法的规约检查模块维护状态机实例,并根据模式匹配表达式确定状态迁移。在验证算法的一次验证中,有些节点或某段路径会被规约检查模块分析多次,而且往往是在相同的状态下。这在一定程度上影响了分析算法的效率,使用程序状态摘要可以有效地解决这类问题。程序状态摘要即对某一单位长度的程序入口状态和出口状态进行摘要的过程,其作用在于复用先前验证的摘要结果,避免对同一程序块进行重复验证。验证算法采用三种层次的摘要,分别是程序块、子路径以及函数。

程序块摘要是对 CFG 一个节点进行状态摘要的过程,分析算法记录分析实例到达该节点时程序的状态,以及完成对该节点验证时的程序状态。对于给定节点 n,验证实例的程序状态可能包含两方面的变化:一是程序状态中新增了某个状态机实例;二是已有的某个状态机实例的状态发生了变化。程序状态摘要是由若干条缓存边组成的,程序块级摘要就是所有由其自身产生的新增边和转移边的并集。

当验证实例运行至节点时,验证算法首先尝试将与某条摘要边起始状态相同的状态机实例从当前程序状态中移除。此时,若当前程序状态中未包含状态机实例,则表明完全命中缓存,分析实例取消对当前节点验证,直接使用出口状态;否则,使用处理后的程序状态继续进行验证,验证结束后,验证算法更新该节点的缓存。针对大规模程序路径展开爆炸的问题,在程序块摘要的基础上引入子路径摘要。它是当前节点到 CFG 出口节点的状态摘要,其计算利用了动态规划的算法,当一条被验证的控制路径到达 CFG 的出口节点时,验证算法就开始自底向上计算这条路径上所有节点对应的子路径摘要。

函数出口节点的状态摘要即是其节点的程序块摘要,函数入口节点的状态摘要即是其子路径摘要,因此,依据上述动态规划方法很容易构造函数摘要。

3. 函数过程间验证

由于 C 程序都是由多个函数组成的,所以函数过程间的验证也是程序模型检验必须考虑的问题。函数过程间验证流程(图 4 - 8)如下:

(1)对被验证程序的函数调用图进行拓扑排序,首先对 main 函数的 CFG 进行验证。

(2)采用深度优先遍历对 CFG 的每一节点进行验证,当遇到函数调用时,在 CFG 索引中查找该函数调用所对应的函数定义。

(3)如果存在该函数定义,则进行函数过程间验证;否则,继续查找。

(4)在函数过程间验证时,首先需要对参数状态进行提取,将实参的状态机实例转换成对应形参的状态机实例。

(5)使用函数摘要,若全部命中,则修改当前程序状态,跳转到(8);否则,对未命中部分进行过程内验证,完成后更新该函数摘要。

(6)对于函数验证后的状态集,针对部分命中情况,需要组合命中部分和未命中部分的结果,构造新的程序状态。

(7)对被调用函数验证后的程序状态,需要对参数状态进行恢复,将形参的状态机实例转换成相应实参的状态机实例。

(8)继续验证。

参数的提取发生在函数调用的时候,参数的恢复发生在函数返回时,表 4 - 2 给出了参数提取和恢复的规则。

图 4 - 9 详细描述了函数过程间验证中对当前程序状态集操作,涉及状态拆分、参数提取、部分命中、部分验证、状态合并、参数恢复、状态合并的过程。这种轻量级的程序模型检验算法所使用的规约描述语言与源代码独立,语法简单易懂,符合开发人员习惯,能够快速编写规约。该算法能够自动提取源程序中的初始模型,避免了手工建模所带来的问题。相对已有的模型检验算法,该算法耗费资源少,状态空间小,收敛速度快。

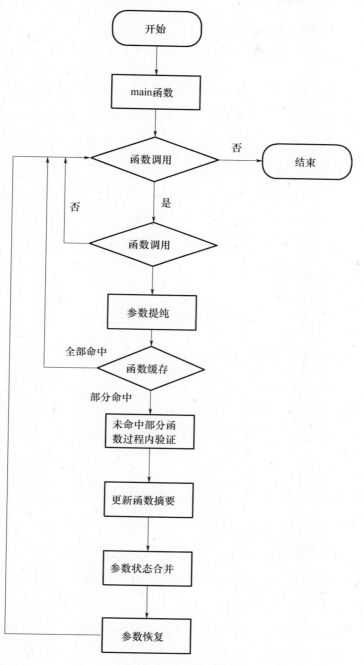

图 4 - 8　验证流程

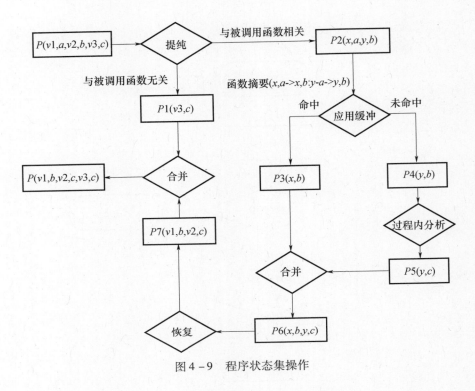

图 4 - 9　程序状态集操作

表 4 - 2　参数提取和恢复的规则

实参	形参	状态	提取规则	恢复规则
V_a	V_f	V_a	$s(V_f) = s(V_a)$	不变
$\&V_a$	V_f	V_a	$s(*V_f) = s(V_a)$	$s(V_f) = s(*V_f)$
V_a	V_f	$V_a \cdot$ filed	$s(V_f \text{filed}) = s(V_a \cdot \text{filed})$	不变
V_a	V_f	$V_a \rightarrow$ filed	$s(V_f \rightarrow \text{filed}) = s(V_a \rightarrow \text{filed})$	$s(V_a \rightarrow \text{filed}) = s(V_f \rightarrow \text{filed})$
V_a	V_f	$*V_a$	$s(*V_f) = s(*V_a)$	$s(*V_a) = s(*V_f)$

4.2　定理证明

4.2.1　定理证明技术

定理证明自诞生开始即成为系统验证的核心技术之一。采用逻辑公式描述系统及其性质,通过一些公理或推理规则来证明系统具有某些性质。定理证明就是从原始设计中抽取系统的模型,表示成形式逻辑的命题、谓词、定理、推理规则等,需要验证的性质被表示成定理的形式。定理证明的过程就是在验证者的引导下,不断地对公理、已证明的定理施加推理规则,产生新的定理,直至推导出所需要的定理。其优点是可以使用归纳的方法来处理无限状态的问题,并且证明的中间步骤使用户对系统和被证明性质有更多的了解;缺点是现有的方法不能做到完全自动化,在证明过程中需要大量的人工干预,要求用户能提供验证中创造性最强部分(建立断言等)的工作。其基本思路是通过转换将系统的形式验证问题编码成为具有严格数学基础的定理的证明问题。早期的形式化方法多是使用定理证明技术,起源可以追溯到 20 世纪 40 年代。1947 年,Goldstine 和 von Neumann 在他们的论文中提及了程序正确性证明的必要性和用证明验证程序正确性的基本思想。1949 年,Turing 以他的文章"Checking a Large Routine"开创了程序验证领域。在这篇文章中,图灵给出了一个具体的程序实例说明他的验证方法,即用"assertion"和程序流图验证程序正确性。这一工作对程序验证领域的多个方面都有着深远的影响,被视为后来 R. Floyd 方法的雏形。

1963,J. McCarthy 在论文《计算数学理论基础》(A basis for a mathematical theory of computation)中系统地论述了程序设计语言语义形式化的重要性,以及它同程序正确性、语言的正确实现等问题的关系,并提出在形式语义研究中使用抽象语法和状态向量等方法,开创了"程序逻辑"研究的先河。他提出了程序的函数语义验证方法,即将流图转化为从输入状态集到输出状态集上的数学函数的程序验证方法。他所提出的方法是有关程序逻辑研究中第一个比较系统而成熟的方法,曾被广泛地采用。

1966 年,英国牛津大学的 C. Strachey 提出了程序设计语言的指称语义,后来美国的 D. Scott 发展了域论理论,奠定了指称语义的数学基础。指称语义的指称物均为数学对象,如整数、集合和映射等。指称物的集合称为论域。一个语言的指称语义就是确定该语言的相关论域,并给出语法成分到论域上的数学运算,其正确性证明就是指称语义相应的数学运算公式的特性,这些性质是可严格推理和证明的。

最早可行的程序验证方法是由 P. Naur 和 R. Floyd 提出的。1966 年,P. Naur 提出了 snapshot(快照)方法用于验证算法正确性。1967 年,R. Floyd 发表了前瞻性文章"Assigning meanings to programs",引入了循环不变式的概念,提出了用于证明程序部分正确性和完全正确性的不变式断言法,这一开创性研究对后来程序验证领域著名的 Hoare Logic 有很大的积极影响作用,因此 Hoare Logic 也通常称为 Floyd – Hoare Logic。

1969 年,C. A. R. Hoare 在 R. Floyd 工作的基础上提出了证明程序部分正确性的公理化方法,也称为程序语言的公理语义,首次用公理化方法描述了程序设计语言的语义。他指出,可以以 Hoare 三元组的形式为每一种程序设计语言建立一个公理化逻辑(该语言的 Hoare 逻辑),用这个逻辑描述程序的性质,并且以一种逻辑的方式推理程序,进而证明程序的性质。

1975 年,Dijkstra 提出了基于最弱前置条件的公理语义方法。他在 Hoare 逻辑的基础上首次提出最弱前置条件的概念和程序代码推导方法,并且建立最弱谓词转换器,解决了断言构造难的问题,可从程序规约推导出正确程序,使正确性证明变得实用。

得益于以上计算机科学家的理论工作,同时期自动定理证明领域有了显著的发展。第一个定理证明器是由卡内基梅隆大学 R. Floyd 的学生 J. King 开发的(1969 年),还有很多定理证明器被开发出来并应用于程序验证领域,这些定理证明器大多是用 J. McCarthy 发明的 Lisp 语言实现的。其中两个最著名的验证系统分别是由斯坦福大学的 David Luckham 和他的学生开发的 Stanford Verifier 和由得克萨斯大学奥斯汀分校的 Don Good 等人开发的 Gypsy 验证环境。由于这两个验证系统都有集成的工具集支持,并且具有专门用于验证的程序设计语言,这样使得验证过程更加简洁和易操作,所以利用这两个系统可以验证具有相当规模的程序,这是其他验证系统难以媲美的。这两个验证系统采用的是归纳断言的验证方法。此外,由 R. Boyer 和 J. Moore 开发的基于一阶逻辑的定理证明器则采用的是函数语义的程序验证方法。Boyer – Moore 定理证明器验证了许多递归函数的性质,包括证明了 Rivest、Shamir 和 Adleman 的公钥加密算法的可逆性,命题演算判定过程的合理性和完备性,Takeuchi 函数的终止性以及许多初等列表和树处理函数的正确性等。受 D. Scott 指称语义思想的影响,由爱丁堡大学 R. Milner 和 M. Gordon 开发的 LCF 系统也用于证明递归函数的性质,它更多地用于证明语法分析器的正确性和合一算法的正确性。LCF 可看作是一个可计算函数的逻辑,用这个可计算函数可以定义程序设计语言的语义,它没有采用复杂的启发式搜索策略,而是使用低级原语操作逻辑公式,同时提供一种极为灵活的元语言用于构建定理证明器。LCF 已成功用于证明两个不同语义定义的等价性。

1977 年,A. Pnueli 发表了名为"The temporal logic of programs"的文章,他提出了"反应系统"的概念,同时将时序逻辑引入计算机科学,这一工作改变了程序分析的根本方式,开创了基于时态方法研究分析、验证并发和反应系统的新领域,为程序验证领域注入了新的活力。从此,程序验证从串行系统验证转向了并发反应式系统验证。

1977 年,P. Cousot 和 R. Cousot 提出抽象解释的验证方法,即首先对程序进行抽象,然后对抽象后的程序进行性质验证,通过某种关联方法可以保证原程序也具有该性质。该方法的关键问题是确定程序抽象的程度,但这一问题在后来的 CEGAR 方法中得到了很好解决。

在工具方面,人们很早就尝试使用定理证明器来验证 pSOS、SecureLinux 的正确性,然而未取得预想的成功。定理证明应用进展比较缓慢,主要原因:定理证明需要很强的专业数学背景,一般软件人员难以掌握;相应的定理证明工具的支持水平和自动化水平比较低。因此,在形式验证领域,与自动化程度较高的模型检验相比,定理证明的应用相对较少。

近年来,定理证明技术和工具有了明显的进展,主要包括新的高效判定过程的提出和高阶定理证明工具的逐渐成熟,其自动化水平有了较大提高。例如,微软的 Z3 是一个高性能的定理证明工具,支持实型/整型算术、定长位向量、扩展的数组和量词等,在软件模型检验工具的证明约束的消解中得到良好应用。值得注意的是,以 Isabella、Coq、PVS 为代表的高阶定理证明器逐步完善,以其强大的编码能力和证明库以及新的判定过程调用,使得它们在实际应用中逐渐发挥出模型检验难以取得的效果。

与模型检验相比,定理证明能够较好地处理无穷状态系统的验证。而软件系统的状态空间很大,往往是无穷的。操作系统、编译系统作为系统软件比较稳定,验证代价可以较应用软件为高。因此,如何应用定理证明技术开展系统软件验证也被认为是一种有希望的途径。而事实上,在软件模型检验时,定理证明技术已经被集成到搜索时的状态证明约束的消解上。在处理软件验证时,模型检验与定理证明的集成无疑是一个自然的选择。但是,目前的这种集成仍然是不够的,并未发挥出定理证明技术应发挥的作用。因此,人们也在不断地探索软件的定理证明验证途径。

定理证明方面典型的工作有德国的 Verisoft 项目。该项目是由德国联邦教育与研究部(German Federal Ministry of Education and Research)资助的一个长期项目,其目的是能够真正地对计算机系统的软件与硬件进行验证,其基本的途径是定理证明方法,采用的工具为 Isabella。类似的,澳大利亚的 L4. Verified 项目也基于定理证明和 Isabella 对操作系统 L4 的微内核进行形式化验证。法国 IN-RIA 学者 Xavier Leroy 领导的研究小组利用 Coq 对嵌入式软件的编译器进行了形式化验证。他们开发并验证了一个真正的编译器,该编译器源语言是 C 语言的一个子集,目标语言是 PowerPC 汇编,它支持优化,能产生紧凑的代码。这是验证可信编译器的一次成功实践,其语义保持的证明由 Coq 来辅助完成。NASA Langley 研究中心的学者也用 PVS 开展了安全关键软件的验证及其研究,并建立了 PVS 库。

4.2.2　嵌入式操作系统的形式化验证举例

以嵌入式操作系统 SpaceOS 为对象,采用基于定理证明的方法对其进行形式化验证。SpaceOS 操作系统是我国首个用于空间飞行器的嵌入式实时操作系统，具有任务管理、内存管理、中断管理、任务间通信管理以及时间管理等功能，目前已经广泛应用于我国的各类航天器系统中。考虑到 SpaceOS 操作系统软件所特有的复杂度，这里的基本思路是不再试图寻找一种能够涵盖整个系统、支持任意两种模块交互的大一统的单一验证技术（图 4 - 10（a）），而是如图 4 - 10（b）所示，支持异构验证方法和工具，在对系统结构有良好理解和精确描述的基础上，对不同的系统模块采用不同技术验证，然后在一个统一框架下进行模块的组装，最终得到完整的经过验证的可信系统。可以看出，图 4 - 10 中（b）的复杂度比（a）的复杂度大大降低。

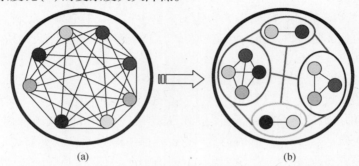

(a)　　　　　　　　　　(b)

图 4 - 10　基本思路：采用异构的验证方法和技术，克服系统的复杂性

SpaceOS 形式化验证路线如图 4 - 11 所示，按照设计开发过程划分为三个阶段，每个阶段都是根据已有的文档进行形式化描述，建立模型，分阶段进行验证，阶段内要保证正确性，阶段间要保证一致性。

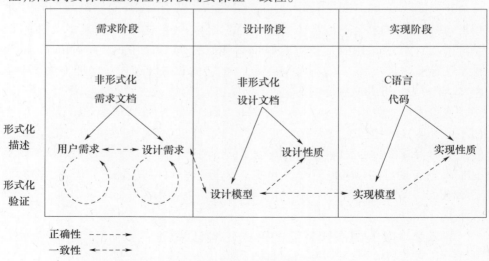

图 4 - 11　SpaceOS 形式化验证路线

在需求阶段,根据需求规格说明进行功能和性质的提取,建立需求层面的模型。主要关注对象、行为和性质的描述,以及在需求层面的模型正确性。

在设计阶段,根据设计报告进行功能和性质的提取,建立不同模块的模型。主要关注的是算法等功能操作要满足设计需求描述的性质,以及功能和性质本身的正确性。

在实现阶段,根据实现代码进行功能和性质的提取,建立不同模块的模型。主要关注的是实现的功能操作要满足设计阶段描述的性质,以及功能和性质本身的正确性。

各个阶段采取不断精化和迭代的过程,直至验证不存在任何问题。

Event – B 形式化方法是用于系统级建模的方法,通过定义一个系统的状态以及对状态进行操作的事件来描述该系统模型,Event – B 是 B 方法的扩展,基于数学的集合与一阶逻辑,有很好的商业级的支持工具,并且很容易扩展。在需求阶段选择 Event – B 来对 SpaceOS 的模块进行形式化描述。

在需求阶段首先使用 Event – B 也是看中了它提供的定理辅助证明器具有很强的自动化支持,方便对定理证明方法的学习。在 Event – B 中验证了需求规约的正确性之后,还要转到 Coq 或 Isabelle/HOL 中进行描述,设计与实现阶段的语言工具采用 Coq 或 Isabelle/HOL,从而在一个统一的证明环境中验证各个阶段之间的一致性问题。

按照上述验证方案,针对操作系统内存管理模块给出具体的验证过程。

4.2.2.1 嵌入式操作系统内存管理特点

嵌入式操作系统是强实时嵌入式操作系统,其对内存算法的实时性要求很高。一般的动态内存分配算法存在着执行时间不确定与内存碎片过多等问题,嵌入式实时系统中很少使用。二级分段匹配(TLSF)动态内存算法内存分配和释放时间复杂度为常数,并且具有内存自动合并、灵活性强、内存碎片少等特点。以 TLSF 算法为例,对操作系统内存管理模块开展形式化验证。

4.2.2.2 验证方法

依据操作系统内存管理需求文档和设计文档,建立内存管理模块的分层次建立形式化模型,并通过精化,最终生成可执行的代码模型,并证明生成代码与已有代码间的等价性。

1)需求模型

操作系统内存管理需求文档包括对内存管理用户需求的说明,以及对内存管理设计需求的说明。在建立模型的过程中,目标是覆盖操作系统中的用户功能需求和设计功能需求,并且使得模型能够满足需求文档中的性质。

需求模型完成以下功能：

（1）形式化描述操作系统内存管理需求文档中的用户需求。

（2）形式化描述操作系统内存管理需求文档中的设计需求。

（3）满足操作系统内存管理需求文档中提取的需求性质。

2）设计模型

操作系统内存管理需求文档中描述了操作系统内存管理算法的设计说明，包括内存管理模块需要满足的功能点，以及满足的方式，但是并不说明具体的方式细节。

设计模型完成以下功能：

（1）描述内存管理模块设计中必须给出的功能点。

（2）描述内存管理模块设计必须满足的性质。

3）实现模型

从需求模型到设计模型进行精化，再从设计模型出发精化后，最后生成可执行的并且完全正确的代码。两个过程中，需求模型、设计模型以及生成的代码都能够达到覆盖所有需求以及满足所有性质的要求。从生成的代码到目标代码的精化过程中，经过有限次迭代和生成代码与目标代码的对等性比较，发现目标代码的缺陷与不足。

4.2.2.3　形式化模型

模块的描述将参照任务书和操作系统内存管理需求对模型的不同精化层次进行划分描述。需求模型和设计模型没有完全的界限，根据精化步骤，模型共划分为 10 层，每层覆盖不同的需求和验证不同的性质。从需求到设计所建的形式化模型如表 4-3 所列。

表 4-3　形式化模型

序号	模型名字	模型说明
1	模型 1 （C0，M0）	本模型将实际物理内存池形式化描述为无限离散的集合，将内存块抽象描述为无限离散的集合，将内存块与实际所对应的内存池描述为内存块到内存池的映射关系。每个块映射到内存池的不同部分，且每个块的映射值域交集为空来表示每个块不会重叠
2	模型 2 （C1，M1）	每个内存块逻辑上都是有起始位置和结束位置的，实际的情况下是起始地址和末尾地址，两者之间的间距认为是块的大小。因此，本模型在模型 1 的基础上进行精化，将整个内存池的抽象为一个连续的有具体长度的一段自然数
3	模型 3 （C2，M2）	实际情况中，内存块的数目是有限的，在模型 2 的基础上，精化内存块集合的数目为有限，验证每个块是不会重叠的安全性质
4	模型 4 （C3，M3）	在实际的内存管理设计中，在进行分配和释放操作过程中，需要先计算每个块在一个索引表中的位置，本模型将每个块到索引表中的位置精化表示为函数映射

序号	模型名字	模型说明
5	模型5 （C4,M4）	在实际的内存管理设计中,在分配的情况下,需要判断分配请求的大小范围之后再进行分配,否则会存在安全性问题。本模型加入了分配大小范围判断
6	模型6 （C4,M5）	在分配情况下,共有分配成功和分配不成功两种可能;在释放的情况下,共有释放成功和释放不成功两种可能。本模型在上一层模型的基础上进行精化,避免分配和释放死锁的情况发生
7	模型7 （C4,M6）	本模型是链表精化初步模型,实际情况中为不同等级和类别的空闲块为一个双向链表。精化加入集合表示链表所有元素。本模型也刻画了链表的加入和删除操作
8	模型8 （C5,M7）	由原有离散的集合精化加入链表中首尾元素,并且加入单向链表的表示
9	模型9 （C5,M8）	在原有的模型基础上,加入原来单向链表的逆向链表
10	模型10 （C5,M9）	在此模型中,因为集合已经用链表表示,本模型删去了链表元素组成的集合

1. 模型精化图

从需求到设计所建的形式化模型主要如图 4 - 12 所示。模型 M0 ～ M5 为需求模型,其中 M0 覆盖用户需求,模型 M1 ～ 模型 M5 覆盖设计需求。模型 M6 ～ 模型 M9 为设计模型,描述了具体的数据结构和实现方式。生成的 code.c 为底层模型转换而来,original.c 为目标代码。模型如图 4 - 13 所示总共包含 6 个环

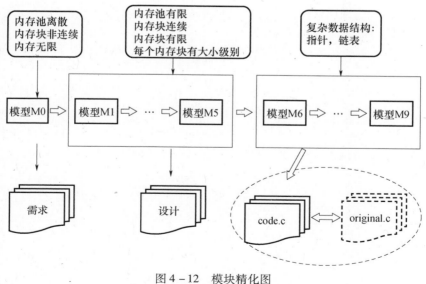

图 4 - 12　模块精化图

141

境（C0～C5）和 10 个机器（M0～M9）。环境和机器之间的关系如图 4-13 所示，例如 M0 能看到环境 C0。

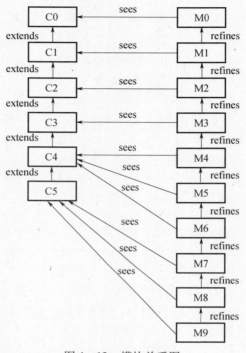

图 4-13　模块关系图

2. 需求模型说明

1）模型 M0

本模型将实际物理内存池形式化描述为无限离散的集合，将内存块抽象描述为无限离散的集合，将内存块与实际所对应的内存池描述为内存块到内存池的映射关系。每个块映射到内存池的不同部分，且每个块的映射值域交集为空来表示每个块不会重叠。

（1）模型 M0 说明。把整个内存抽象为自然数的一个子集 $M(M \subseteq N)$，并且改内存集合 M 是有限的集合（用函数 finite(M) 表示有限）。因为内存是实际存在并且是真实具有的，所以该 M 集合还必须加上属性 $M \neq \varnothing$，如图 4-14 所示。

因为在分配时，是以块为单位的，一个块占据了整个内存块的一部分。同样把内存块的指向变量也抽象为自然数的一个子集，如图 4-15 左边所示。把块占据实际内存一部分表示为 B 到 M 的映射关系。具体的映射关系如图 4-16 所示。

142

图 4 – 14　内存抽象为
　　　　　自然数的集合

图 4 – 15　内存块抽象为自然数的集合

图 4 – 16 中，b_1，b_2 表示两个内存块的标记量，b_1 和 b_2 表示有到实际内存的映射，因为每个块占据了实际内存的一部分，所以图中 b_1、b_2 映射到了实际内存集合 M 的子集。

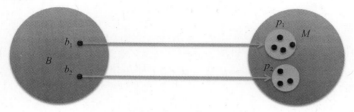

图 4 – 16　内存块与内存单元面向映射关系

把能够映射到 M 集合的标记量归为集合 block，并且 block 为 B 的子集，block $\subseteq B$，如图 4 – 17 所示。在具体的情况中，整个 M 可能就是一个整块，所以 block 到 M 的映射关系为

$$\mathrm{mem}:\mathrm{block} \rightarrow \mathbb{P}(M)$$

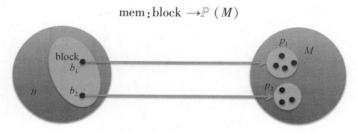

图 4 – 17　内存块的集合

函数 mem 就是表示 block 集合到 M 幂级的映射，代入类型为 block 的参数，返回的是 M 的一个幂级。如图 4 – 17 所示，b_1 所指向的 M 的幂级集合就是 p_1，可以表示为 $\mathrm{mem}(b_1) = p_1$。因为所有 block 所指向的整个值域为整个 M 集合，即 mem 的值域为 M。所以加入不变式：

$$M = \mathrm{union}(\mathrm{ran}(\mathrm{mem}))$$

其中：ran 函数表示一个映射的值域；union 为集合的并集。

因为 block 的类型为 busy 或者 free，表示一个块状态为被占用或者空闲，用

free 表示空闲块集合, free $\subseteq$ block。任意两个不相等的块都不能够有重叠, 如图 4 - 18 所示的情况是不允许的。加入以下不变式 INV:

$$\forall b_1, b_2 \cdot b_1 \in block \wedge b_2 \in block \wedge b_1 \neq b_2 \Rightarrow mem(b_1) \cap mem(b_2) = \varnothing$$

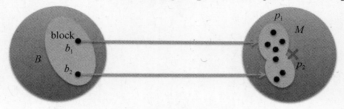

图 4 - 18 内存块间无交集

把所有的模型的不变式, 即模型必须遵守的条件汇总为

Inv1: $mem \in block \rightarrow \mathbb{P}(M)$

Inv2: $M = union(ran(mem))$

Inv3: $\forall b_1, b_2 \cdot b_1 \in block \wedge b_2 \in block \wedge b_1 \neq b_2 \cap mem(b_1) \cap mem(b_2)$
$= \varnothing$

（2）模型 M0 初始状态。模型的初始状态是所有的 M 就是一个块, 即 B 中的一个元素 b 映射到 M 整个集合（图 4 - 19）。这时候 block 和 free 集合都只有一个元素, 初始的状态为以下状态:

block := $\{b\}$

free := $\{b\}$

mem := $\{b \rightarrow M\}$

图 4 - 19 模型 M0 初始态

2）模型 M1

（1）模型 M1 说明。每个内存块逻辑上都是有起始位置和结束位置的, 实际的情况下是起始地址和末尾地址, 两者间距认为是块的大小。因此本模型在模型 1 的基础上进行精化, 将整个内存池的抽象为一个连续的有具体长度的一段自然数。

因为内存块逻辑上都是有起始位置和结束位置的, 实际的情况下是起始地址和末尾地址, 两者之间距认为是块的大小。因此将初始模型中, 表示整个内存的集合 M 定为一个连续的有具体长度的一段自然数。定义

144

$$m \in \mathbf{N}1$$
$$M = 1 \cdots m$$

表示 M 是 $1 \sim m$ 的区间,表示实际的大小为 m 的内存块。因为每个块的标示量都有起止地址。定义不变式:

first ∈ block → N //起始地址是块到自然数的映射

last ∈ block → N //末尾地址是块到自然数的映射

∀bl·bl ∈ block ⇒ mem(bl) = first(bl) ·· last(bl)//每个块的映射值域为块的起始地址到末尾地址。

定义以下定理:

∀bl·bl ∈ block ⇒ first(bl) ≤ last(bl)

first ∈ block → N //起始地址只有一个

last ∈ block → N //末尾地址只有一个

ran(first) ⊆ M //起始地址也属于块的一部分

ran(last) ⊆ M //末尾地址也属于块的一部分

∀bl·bl ∈ block ∧ first(bl) ≠ 1 ⇒ first(bl) - 1 ∈ ran(last)

　　//块与块是连续的,一个块的起始地址的前一个为一个块的末尾地址

∀bl·bl ∈ block ∧ last(bl) ≠ m ⇒ last(bl) + 1 ∈ ran(first)

//块与块是连续的,一个块的末尾地址的后一个为一个块的起始地址

(2)初始模型状态。

block := {b}

free := {b}

first := {b→1}

last := {b→m}

如图 4 - 20 所示,初始时候,整个 M 就是 $1 \sim m$ 的一个空闲块,并且用一个块的标示量 b 指向 M。

图 4 - 20　初始状态

同样,也会产生需要证明的证明义务,来说明不变式是保持的。

(3)分配精化。在分配中,之前用的映射到集合的想法,由于加了首位地址和长度的精化,所以如图 4 - 21 所示,设 b1 映射到的是一个块。在一个大空闲

块 bl 中分配一部分,余下的作为一个新的空闲块。bl 属于 free 集合,指向一个块,分配出该块的一部分 q,余下的部分作为一个新的 free 块,引入标示量 cl 指向该部分。将 bl 映射到被分配的部分 q,并且移除 free 集合。分配前的条件为:

```
bl ∈ free
cl ∈ B\block
first(bl) +q-1 ∈ first(bl) ·· last(bl)
q > 0
q < last(bl) - first(bl) +1
```

图 4 - 21　分配前

分配情况的动作如下:

```
free := (free ∪ {cl}) \ {bl}
block := block ∪ {cl}
last := last < + {bl→first(bl) +q-1,cl→last(bl)}
//更新 cl 和 bl 的 last 的映射的值
first := first ∪ {cl→first(bl) +q}
//更新 cl 的 first 映射值
```

分配后的模型状态如图 4 - 22 所示。

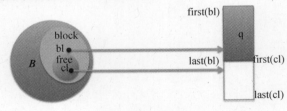

图 4 - 22　分配后

(4) 释放精化。该情况下释放一块后跟左右两个空闲块合并。释放精化前、后分别如图 4 - 23 和图 4 - 24 所示。

3) 模型 M2

实际情况中,内存块的数目是有限的,在模型 2 的基础上,精化内存块集合的数目为有限,验证每个块是不会重叠的安全性质。到模型第二层位置,已经覆

146

盖了很大一部分的需求。模型第三层是为了验证性质：内存中没有毗邻的空闲内存块。这一层在上一层基础上在每个事件中都添加更多的条件。要证明的就是证明没有毗邻空闲块。

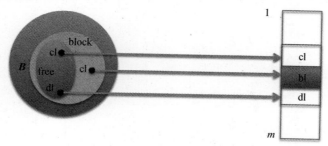

图 4 - 23　释放精化前

图 4 - 24　释放精化后

3. 设计模型说明

从模型 M0 逐步精化而来，每层精化都按照设计而来，M0 ~ M9 可以看作整个需求模型，也可以看作整个设计模型，因为需求和设计之间没有清晰的定义。将 M3 以后的模型归类在设计模型中。以下做分别说明：

1）模型 M3

模型 M3 说明。实际的数据结构如图 4 - 25 所示，每个块都有一个大小范围，属于一个类别。将这个大小级别抽象图 4 - 26 所示。

因为每个块都能够计算块所处于的大小范围（级别），定义映射函数：

$$g \in 1 \cdot\cdot\ m \rightarrow 1 \cdot\cdot\ c$$

函数 g 用来计算块的大小级别，传入参数是块的大小。由于抽象二维数组每个元素都连着一个大小级别的空闲块的双向链表。定义

$$box \in free \rightarrow 1 \cdot\cdot\ c$$

表示空闲块到二维数组中位置的映射。所以初始的时候是整个内存块映射到最大的块级别。在初始状态下加入

$$box := \{b \rightarrow c\}$$

147

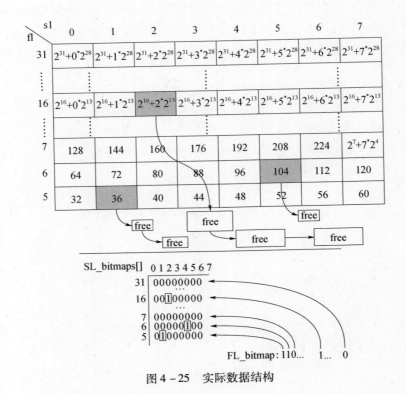

图 4 – 25   实际数据结构

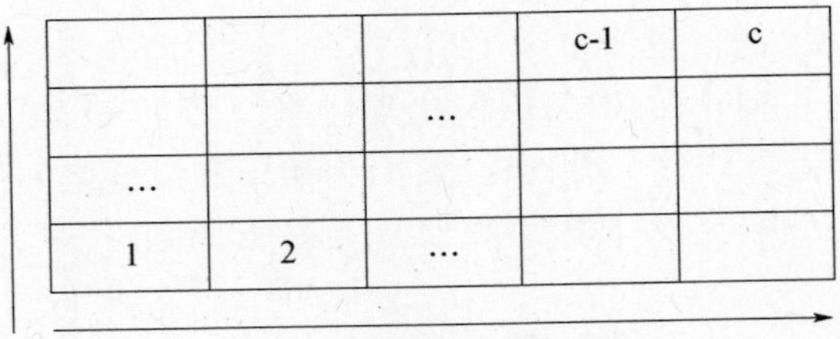

图 4 – 26   抽象二维数组

由于在分配和释放事件中,需要更新二维数据结构的结构信息。在分配一个块的一部分的时候,需要更新 box 的映射关系。如分配一个块 bl 的一部分的时候,余下的为 cl、q 为分配的大小。分配之后 bl 不是在 free 集合中,所以从 box 的值域中移除,cl 为新的空闲块,所以加入到 box 的值域,并且映射到相应的大小级别:

$$box := (\{bl\} \lhd box) \cup \{cl \mapsto g(last(bl) - first(bl) + 1 - q)\}$$

2)模型 M4

在实际的内存管理设计中,分配的情况下,需要判断分配请求的大小范

148

围之后再进行分配,否则会存在安全性问题。本模型加入了分配大小范围判断。

为了在精化模型 M4 中加入新的条件,以满足需求,在模型 M4 环境中新加入以下变量:

$$sim > 0$$
$$smax > smin$$
$$sdom = smin...samx$$
$$m \geqslant smax$$

在分配一个块时,所有的块都在一个范围内,每个块都有大小级别,定义 MIN、MAX 分别为可分配内存块的大小范围。加入不变式:

$$\forall bl \cdot bl \in block \backslash free \Rightarrow (last(bl) - first(bl) + 1) \in MIN \cdots MAX$$

3) 模型 M5

为了避免死锁(所有事件的条件的与为假),M5 模型中加入不变式:

$$\forall q \cdot q \in sdom$$
$$\Rightarrow$$
$$(\exists bl \cdot bl \in free \wedge q < last(bl) - first(bl) + 1) \vee$$
$$(\exists bl \cdot bl \in free \wedge q = last(bl) - first(bl) + 1) \vee$$
$$\neg (\exists bl \cdot bl \in free \wedge q \leqslant last(bl) - first(bl) + 1)$$
和
$$\forall bl \cdot bl \in block$$
$$\Rightarrow$$
$$bl \in block \backslash free \vee bl \notin block \backslash free$$

加入新的事件 allocate3,新的事件是分配内存不成功的情况。

4) 模型 M6 ~ M9

模型 M6 ~ M9 是将一个离散集合精化到双向链表的精化。为了说明集合到双向链表的,制定了一个精化策略模式,任何集合到精化的精化都按照模式来精化。如图 4 - 27 所示,图中精化策略 pattern 是一个集合到双向链表精化的策略模型。策略模型中用了 4 层精化来实现集合到链表的精化,利用策略模型的精化策略,从 M6 开始,精化到 M9。

集合到链表的精化如精化策略如图 4 - 28 所示。在初始模型中,精化了元素加入和删减的操作,由于设计文档对链表元素的删除和加入没有限制,只从尾加入,从头删除。在精化策略中,还得避免链表中没有环存在。加入相应不变式来满足这一点。

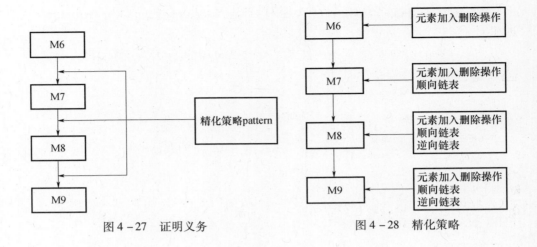

图 4 – 27　证明义务　　　　　　　图 4 – 28　精化策略

4. 实现模型

1）Event – B 模型

（1）Context（上下文）。一个环境可能包含载体集合（carrier set）、常量（constants）、公理（axioms）和定理（theorems）。如图 4 – 29 所示，载体集合是用户定义类型。常量表示目标系统中的不变量。公理用于假设载体集合以及常量的性质。定理是从载体集合以及常量推导出的性质。载体集合和常量是模型的参数。

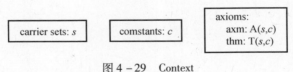

图 4 – 29　Context

（2）Machine（机器）。机器用于描述 Event – B 的行为（图 4 – 30）。机器与环境相连后能够看到相应环境中的信息。机器 M 看到（sees）环境 C 意味着它可以访问环境 C 中的载体集合 s 以及常量 c，例如，在模型中对其进行引用，或者在证明中将环境 C 中的公理 $A(s,c)$ 和定理 $T(s,c)$ 作为假设条件。机器 M 可能包含变量（variables）、不变式（invariants）、定理（theorems）、变体（variants）以及事件（events）如图 4 – 31 所示。变量 v 定义了一个及其的状态，其变量约束用不变式 $I(s,c,v)$ 表示。定理作为变量 v 所需满足的额外性质。Event – B 机器的一个中重要特性是它包含不变式 I，不变式是机器所有可达状态都必须满足的性质。显然对任何机器，其不变式是无法先验满足的，因而必须要对其做验证。

2）转换规则

Context 中的集合和常量都是后期机器所要使用的变量，对于 context 可以直接定义 context 中集合和变量到 C/C + + 的转换规则。类型转换规则如表 4 – 4

所列。对于 Machine,提取出变量的类型定义不变式,在程序中定义为相应类型的变量。

variables: *v*	invariants: inv: *I(v)* thm: *R(v)*	e≜any *x* where *G(x,v)* then *Q(x,v)* end, e≜when *G(v)* then *Q(v)* end, e≜begin *Q(v)* end
图 4 – 30 Machine(机器)		图 4 – 31 Machine 中的事件

Machine 中的一个事件可能为三种情况:第一种是带参数的;第二种不带参数但是带有条件的;第三种不带参数不带条件。每个事件转换为一个函数,一个事件的每个 guard 都作为一个外部 bool 类型的函数。事件的函数最终调用外部函数即可。事件的转换和合并如表4 – 4 和表4 – 5 所列。

表4 – 4 转换规则

转换前	转换后	规则
When 　P Then 　S End	Fun( )　| If (P) Then 　　S End　|	Event1
Any x When 　P Then 　S end	Fun(x)　| If (P) Then 　S End　|	Event2
S	Fun ( )|　　S　　|	Event3

表4 – 5 合并规则

转换前		转换后	规则
When 　P Then S　End		If (P) Then 　S End	event
When 　P 　Q Then 　S End	When 　P ¬ Q Then 　T End	When 　P Then If Q then S else T end end	If

转换前		转换后	规则
When P Q Then S End	When P ¬ Q Then T End	When P Then While Q do S end；T End	while

4.2.2.4 形式化证明

在每一层的模型中都生成一些证明义务，这些是以模型的初始状态条件，对内存分配和释放操作的模型满足所要进行证明的义务。将这些证明义务首先利用工具自动证明，如不能完全证明，则再采用人工交互式方法辅助工具进行证明，最终将所有形成的证明义务都进行了证明。在本章中，内存管理模块模型 M0 ~ M4 的验证过程中共证明了 429 条证明义务，如表 4-6 所列。

表 4-6　证明义务统计

模型	证明义务数目
M0	98
M1	144
M2	95
M3	38
M4	54

基于模型可以进一步生成代码，通过证明 Event - B 模型的每一步执行，都有一个 C 片段与之对应，来保证 Event - B 和 C 程序都有相同的语义空间。对于 Event - B 任意的迁移 $<Event, S> \rightarrow <Event', S'>$，在 C 程序中存在迁移闭包 $<C, s> \Rightarrow * <C', s'>$，其中 $C = f(Event)$，$C' = f(Event')$，$s = g(S)$，$s' = g(S')$。

函数 f 的作用是将 Even - B 中的事件转换成 C 程序中的函数，g 函数是将 Event - B 中的状态转换成 C 程序中的状态。

$E := f(E) := if(E \cdot guards == True) then E \cdot actions$

$E \cdot guards := \bigwedge_{g_i \in E \cdot guards} gd(g_i),$

$E \cdot actions := ac(a_1); \cdots; ac(a_n),$

E. guards 表示一个事件的前置条件集合，每一个 Event - B 模型中的操作都会转换成一个语句。转换规则参见上述的事件转换规则和语句转换规则。一个事件可以看作是一次状态转换，而在 C 程序中，一个语句相当于一次状态迁移，但是之前规定了每个事件的操作都起始于相同的前置条件，Event－B 模型有着以下的序列：

$$<a_1;\cdots;a_i,s> \rightarrow <a_2;\cdots;a_i,s_1>$$

$$<a_2;\cdots;a_i,s> \rightarrow <a_3;\cdots;a_i,s_2>$$

$$\cdots\cdots$$

$$<ai,s> \rightarrow si$$

其中 $s_1 \cup s_2 \cup \cdots \cup s_i = s'$

根据制定的规则，从内存管理的 Event－B 模型转换得到正确运行的 C 程序代码。由于在满足覆盖所有需求的条件下，可以有不同的建模方式，因此，在具体的实验过程中，创建了两个版本和两个版本的生成代码。在验证过程中，发现存在如下缺陷：

（1）设计方案中释放功能传入的参数必须合法。释放传入的地址参数必须为非空闲地址块的首地址，若为空闲地址，则出错。解决方案是加入参数合法性判断机制。

（2）设计方案中分配功能参数必须设定界限。

若不设定界限，则不能满足未来某个时间点分配操作总能成功。解决方案是分配函数参数设置界限。

（3）存在分配和释放序列使得内存进入糟糕状态。①内存空闲块皆为小级别内存块且这些块都不毗邻；②未来某个时间点分配请求一直不能被满足。解决方案是分配机制重新设计或给出开发者使用规范。

4.2.2.5　验证结论

形式化验证方法让用户从需求出发，经过逐步的精化变成可实现的代码。从方法学的角度给出来一种如何确保需求、设计、实现的一致性的手段。另一个优点是在工程实践上切实可行。例如，设计的原则是通过理顺需求的分类，首先把需求写成可以追踪的条目，这些就是记录非形式的验证目标（这一步，对于工程师而言非常直观与自然）；然后通过引入 B 方法的抽象机，把非形式的需求用形式化的语言记录（这一步实际也是工程师进行仔细整理的过程）；最后遵循需要验证的目标，利用抽象机本身提供的逐步精化的功能，进行精化开发。（这一步的开发需要工程师具有设计技能与逻辑技能）。

设计技能是指工程师需要进行代码实现前的设计，这部分是每一个工程师在实践中掌握的能力，如会使用各种设计视图进行算法或者方法学的详细设计，可以使用各种可视化的工具。逻辑技能是指工程师需要掌握基本的数理逻辑的技术，能够使用抽象机把设计变为数理逻辑所表达的公式。这个技能需要花一些时间进行训练，但是学习曲线并不陡峭。实践中，工程师经过 1 个月的培训，1

个月的练习，基本能掌握使用抽象机的工具 Rodin 进行精化开发。当抽象机经过设计精化之后，最终需要变成实际的代码。设计一种基于模拟的映射方法，能直接把抽象机的代码映射为 C 语言，尽管目前采用的是手工映射方法，但是该方法能够直接进行自动化完成。需要注意的是，工程师并不需要直接参与证明，所有的证明义务将被自动翻译为微软的约束求解器 Z3 进行自动证明。但是，需要指出最大的一个技术困难在于，由于证明的空间是无限的，因此可能会有小部分的证明无法进行自动证明，需要人工参与。因此，实践团队中需要有一个对 B 的证明技术非常熟悉的工程师来完成这个人工交互证明的阶段。实践中，这一部分需要人工参与的证明非常少，大约只占所有证明义务的 0.5%。

第 5 章
嵌入式软件可信保障集成环境

嵌入式软件,尤其是安全关键或任务关键的高可信嵌入式软件,往往具有时序复杂、资源受限、结构复杂、实时要求高等特点,这些特点导致了各类复杂的软件问题,对可信保障工作提出了很高的要求。第 1 章介绍了嵌入式软件可信保障技术体系,综合关键可信要素、研制过程、方法与工具等多个维度,在方法层面给出了一套系统的软件可信保障解决方案。而在工程实践层面,关键问题是如何将技术体系中面向各研制阶段的各种方法和工具有机结合起来,形成可信性保障集成环境,使得工作过程和工作结果符合技术体系的要求。

在可信性保障环境方面,目前尚无支持航天嵌入式软件生命周期全过程的集成环境。一些软件开发工具如空中客车公司等组织研发的 TOPCASED、Mathworks 公司的 Simulink/StateFlow/Real-Time Workshop、Esterel 公司的 SCADE Suite、Escher 公司的 Perfect Developer 等,虽然通过引入建模、仿真等技术可辅助嵌入式软件的开发,但对嵌入式软件中的几类关键问题如动态时序、控制行为和程序实现,都不能给出有针对性的、系统的解决方法,无法将相关的方法、工具、资源、数据集成在一起,构成一个有机的整体,远远不能满足航天嵌入式软件可信性保障的需求。为此,应依据可信保障技术体系的需要,构建一套能覆盖各研制阶段和各可信要素、将各可信保障方法和工具结合在一起共同工作的集成环境。构建这样的集成环境,一方面能够使得软件研制中的可信保障工作系统化,为提高软件质量提供支撑;另一方面能够有效地提高工作效率,确保软件研制进度。

本章探讨构建嵌入式软件可信保障集成环境的需求、体系结构和关键技术,为进行嵌入式软件可信保障集成、构建可信保障工作平台提供参考。

5.1 集成环境的需求和功能

在嵌入式软件可信保障技术方面,目前国内外已开展了大量研究工作,集成环境的主要目标是将这些研究成果有机地集成起来,应用在工程实践中。从集

成的角度分析,目前国内外相关研究成果具有以下特点:

(1) 不同成果针对不同的可信问题。

(2) 应用于需求分析、设计、编码、测试各个不同的软件研制阶段。

(3) 在形式上,主要包括规范、可信性保障方法、工具或工具原型。

(4) 在应用的成熟度上,部分成果已形成可实际应用的工具;部分研究还处于工具原型或者方法研究的阶段,随着相关研究工作的继续开展,也将形成新的可信性保障工具。

(5) 工具的输入、输出各异,描述对象不同、抽象层次不同、描述语言不同。

基于上述分析,构建集成环境的需求归纳为以下两个方面:

(1) 工具集成。包括可信性保障工具和其他相关工具的集成。作为可信保障的集成环境,应集成已有的可信性保障工具以及国内外最新研究成果中的相关可信性保障工具,为针对需求分析、设计、编码、测试等不同研制阶段的工具的运行提供支持,解决工具间的数据和控制交互。此外,集成环境应具有可扩展性,能够集成嵌入式软件研制相关的其他类型的相关工具,如过程管理工具、软件数据浏览工具、设计工具等。

(2) 实现可信性保障技术体系集成。将可信性保障技术体系的规范、指南和方法集成到环境中,提供在线查看和工作向导等功能,并提供方法和工具选择的依据,结合相应的工具完成对各可信要素的保障。

根据构建集成环境的需求,集成环境需要实现以下功能:

(1) 软件总线功能。软件总线是集成环境中最核心的功能,将提供工具集成平台服务 API 库,便于支持不同工具的集成,同时加载和调用所集成工具的适配器,并维护适配器注册表和工具服务注册表。

(2) 适配器功能。可以动态地将工具通过适配器接入集成环境,工具与适配器作为插件,实现插件式调用。

(3) 数据存储与管理功能。为集成环境提供带用户权限的数据存储库管理,并提供对数据存储库内资源和公共数据进行浏览和操作的用户界面。

(4) 项目管理功能。集成环境以项目为单位对数据进行管理,并对项目配置信息进行维护,接收和处理来自各功能模块和软件总线的项目操作服务请求。

(5) 数据转换功能。实现数据转换的工作机制,按照数据转换脚本进行特定数据格式之间的数据转换。

(6) 过程驱动功能。提供过程阶段驱动机制,判断项目状态和所产生数据是否符合预设的阶段驱动条件,实现流程运行相关数据的收集和管理。

(7) 用户管理功能。维护用户、用户组、用户权限的相关信息,提供对用户、用户组、用户权限的查询以及增、删、改等功能。

(8) 用户界面功能。根据用户界面配置创建集成环境主界面,为不同角色的用户提供侧重于不同功能和不同信息类型的界面结构。

5.2 集成环境的集成方法

集成环境的构建目标是依据可信保障技术体系的需要，将相关的方法、工具、资源、数据集成在一起，构成一个有机的整体。本节对集成对象和集成方法进行分析。

5.2.1 集成对象

集成对象是可信保障技术体系和可信保障工具，以及相关的资源和数据。在集成环境设计实现中，这些对象通过资源、公共数据、可信要素、适配器、服务、活动和流程等形式实现集成。以下具体说明对这些概念在集成环境中的作用及其工作方式。

1）资源

集成环境中各软件工具和功能模块使用与产生的数据统称为资源。根据资源的存在形式，资源包括文件、目录、URL 等。根据资源的存储位置，资源包括内部资源和外部资源。其中，内部资源是指将资源实体保存在集成环境的集中资源库中的资源；外部资源是指并不是将资源的实体保存在集中资源库中，而是仅保存资源的链接，资源的实体可能保存在网络中的任意位置。

2）公共数据

集成环境将根据软件各研制阶段软件制品的特征、所关注的可信属性以及数据本身的特征，将资源划分为若干类别，抽象出各类别数据的共有属性，建立面向阶段、面向可信属性的公共数据模型（图 5 - 1）。按照资源的具体取值，依据公共数据模型可得到资源对应的数据描述。另外，公共数据还要维护存储不同类型数据间的追踪关系、映射关系。

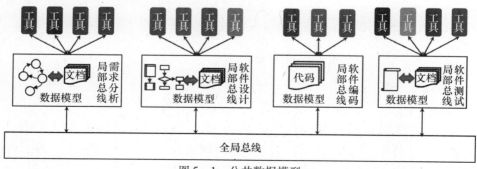

图 5 - 1 公共数据模型

3）可信要素

可信要素是关于软件可信性需求的具体体现。它们不一定与软件的特定属性或需求直接关联，而是软件中多种因素组合的结果。在航天嵌入式软件可信保障集成环境中重点关注时序、内存、数据、状态转换正确性等几类关键可信要素，同时将软件度量作为一类可信要素。

4）适配器

适配器是工具和集成环境间进行数据和控制交互的中间件。适配器具有两个方面的功能：一是将集成环境发来的标准的调用或控制指令转换为工具能够执行的操作；二是进行数据传递和转换，按照需要对数据存储库的数据进行存取，并根据调用数据转换支持模块进行数据转换。适配器主要包括适配器接口、功能映射、数据转换三个部分。

5）服务

服务是指服务提供方通过函数等方式提供给服务使用方的功能调用。其封装形式包括函数名称和参数。服务定义包含服务 ID、服务名称、服务参数、调用方式。服务包括两种：一是集成环境提供给各工具适配器的服务；二是各工具适配器代表工具提供给集成环境的服务。

6）活动

集成环境中"活动"是指一项可信性保障活动，如需求建模、需求模型验证、代码检查、单元测试等。

7）流程

流程是集成环境中面向可信要素的过程驱动机制中的一个重要概念，是针对特定的可信性保障需求建立的符合航天控制软件研制过程由一系列活动按照相关规范、指南和准则实施一项工作的步骤。流程机制实现了工具间的衔接，将若干工具连接成一个工具链。

5.2.2　集成方法

明确了集成对象，下面研究如何实现规范、指南、标准、方法和工具的集成。

5.2.2.1　指南、规范和方法的集成方法

集成环境通过提供以下的设计实现了对技术体系的指南、规范、标准和方法的集成：

（1）提供技术体系的相关文档，供用户在使用集成环境过程中随时查阅。

（2）提供项目配置功能，面向关键可信要素，辅助用户设定和分析可信性需求和将面临的可信问题，并选择解决可信问题的方法和工具。

（3）在基于可信要素的过程驱动中对用户的可信活动进行指导和限定。

通过上述设计，集成环境串联起技术体系的相关规范、指南、标准和方法，在软件研制中实时地指导、规范研制人员的可信性保障活动，实现规范、指南、标准、方法与工具间的衔接。

5.2.2.2　工具集成方法

下面对集成环境如何实现软件工具的数据、控制、过程、平台和显示的集成进行说明。

1. 数据集成方法

1）数据存储和数据共享

集成环境中，所有数据存储在数据存储库中。数据存储库内存储的内容分为两部分：一部分是公共数据库，用于管理和存储一类数据的公共属性、公共数据之间的追踪关系和映射关系、公共数据与资源之间的映射关系三类信息；另一部分是资源库，存储集成环境中的各类资源。

数据存储库部署在服务器端，确保数据能够被不同用户共享。

在实现方式上，数据存储库可采用关系型数据库和文件管理系统相结合的方式：公共数据和部分格式预知的资源（如项目配置信息、集成环境配置信息、用户配置信息等）存储于关系型数据库，而各被集成工具的输入、输出数据则以文件形式存储于文件管理系统。

当用户通过适配器调用某一工具时，首先由适配器从数据存储库读取相应的公共数据和资源，按照工具运行的需要在用户本地计算机上设定一个工作路径并布置其运行环境；然后调用工具，使之在上述工作路径下运行。工具运行结束后，可通过适配器将工具在本地生成的数据上传到数据存储库中，并更新相关的公共数据。

2）数据转换

不同工具之间的数据转换是由工具适配器调用数据转换支持模块实现的。进行两种数据之间的转换，需要这两种数据转换的脚本，数据转换支持模块将按照脚本的规定进行数据转换。在图 5－2 所示的数据转换，工具 A 要使用工具 B 产生的数据，则要通过工具 A 的适配器查找相应工具 A 公共数据与工具 B 公共数据之间的映射关系，从而找到工具 B 产生的存储于资源库中的 B 数据。然后调用数据转换支持模块按照 B －＞A 数据的数据转换脚本将 B 数据转换为 A 数据的格式，再由工具 A 访问。

2. 控制集成方法

集成环境通过适配器和服务对工具进行控制集成，如图 5－3 所示。

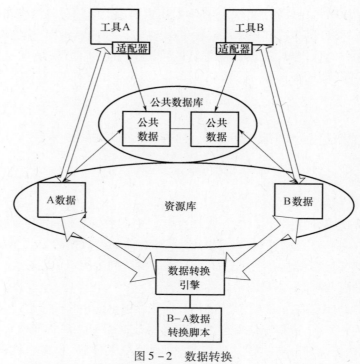

图 5-2 数据转换

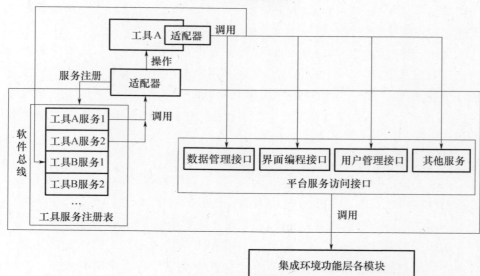

图 5-3 控制集成方法

工具通过适配器接入集成环境,当集成新工具时,软件总线将对适配器、工具以及工具提供的服务进行注册,供用户选用。

当用户调用某一服务时,软件总线将根据服务注册表调用相应适配器,通过适配器对相应的工具进行操作。工具运行中也将通过适配器访问软件环境提供的平台服务访问接口来调用集成环境各模块提供的各项功能,或调用其他工具提供的服务。

3. 过程集成方法

集成环境通过流程机制实现工具的过程集成,如图 5-4 所示。

集成环境应用层的流程支持模块实现流程机制。利用流程支持模块,用户可以定义新流程或读取、编辑已有流程,并驱动流程的运行。

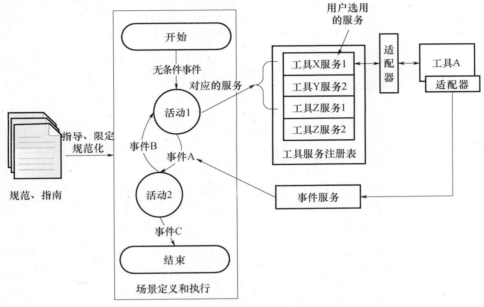

图 5-4　过程集成方法

一个流程由多项活动组成,在集成环境能有工具支持的活动对应着一个或多个已注册的服务,用户在创建流程实例时为这类活动制定一个服务作为该项活动选用的服务;没有支持工具的活动,则需要人工完成,再将结果数据通过流程提供的界面导入集成环境。

流程执行时,将根据服务注册表调用该服务对应的工具适配器,以启动相应的工具辅助用户进行可信性保障活动。活动进行过程中或者活动结束,工具适配器将发送预定义的事件到事件服务,以驱动活动流的进行。

在流程执行过程中,流程支持模块将按照流程脚本的定义向用户提供必要的提示,以指导用户开展相应的活动。

针对多种用户角色的要求也通过流程机制来实现,在流程中可以规定某种活动只能由某种用户角色来执行。这种设计也满足了团队协作的要求,流程规定了软件研制团队的工作流程、分工,并提供了相应的工具链。

4. 平台集成方法

集成环境采用富客户端/服务器的结构部署,可按照领域特点和用户需求确定客户端/服务器的运行平台。对于部分受到授权或其他非技术因素限制而只能运行于特定计算机平台上的工具,可将运行软件的计算机作为服务器,并为其编写适配器,实现客户端与该软件的通信,以及工具的平台集成。

5. 显示集成方法

集成环境的用户界面模块可借鉴 Eclipse、Code∷Blocks 等项目的界面编程接口方案,提供用户界面编程库。各工具适配器可按照工具需要在集成环境的主界面上生成定制的窗口,接收用户输入或者输出结果数据。

5.3 集成环境实现

5.3.1 集成环境体系架构

根据需求分析,集成环境必须能够集成不同功能、不同来源的可信性保障工具,具有可扩展性,满足上述要求常见有总线式结构和分层结构。

总线式结构需要建立一个集中的软件总线,而系统中所有其他的模块则通过适配器连接到总线上,通过总线进行交互。这种结构的优点是实现难度较低,系统运行效率较高。

分层结构按照各组成部分功能的依赖关系将系统分为若干层,上层的模块依赖于下层模块提供的接口。这种结构中每个层次都提供标准化接口,方便上层工具的扩展。这种结构优点是便于对系统进行分层实现和分层管理,便于接口的标准化。

集成环境可结合上述两种结构的优点,采用总线与分层相结合的混合式体系结构,如图 5-5 所示。

集成环境总体上采用由过程驱动层、功能层、总线层和数据层组成的分层结构,其中总线层采用总线式结构实现可扩展的工具集成。过程驱动层为功能层的各个阶段提供驱动条件的检查和驱动数据的准备;功能层根据技术体系和各个阶段的工具集来实现该阶段的业务功能;总线层协调功能层中各个阶段的工具和数据的互操作性;数据层为集成环境提供统一的数据存储和数据管理服务。

集成环境的核心部分是由各阶段技术子体系和相关工具组成的功能层,这一层按照需求分析、设计、编码、测试、编译固化五个阶段进行主要功能定义,每个阶段包括相应的可信性保障技术体系和工具集,可信性保障技术体系对各阶段工作进行指导和限定,工具集对具体的工作进行自动化支持,每个阶段的工作都需要满足可信性要求。

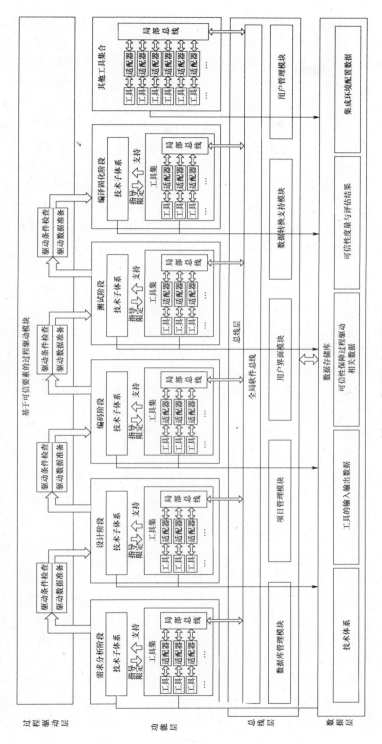

图5-5 集成环境体系结构

163

在功能层上面是过程驱动层,这一层从两个方面驱动软件可信性保障活动:一方面针对各阶段的可信要素保障要求,将阶段内的各可信要素对应的活动进行整合;另一方面解决阶段间的衔接和驱动,对阶段间的转移条件进行定义和检查,满足条件后,将驱动工作过程转入下一阶段,并为下一阶段提供驱动数据。

功能层下面是总线层,总线层由软件总线和平台功能模块组成。软件总线由供集成环境的应用编程接口,并对适配器及其提供的服务进行注册、加载、管理和调用。功能层所有工具通过适配器与软件总线连接,实现工具间的交互和对集成环境资源的访问。软件总线由全局总线和局部总线组成。局部总线根据各阶段工具的特点提供针对性的互操作接口,支持阶段内工具的交互。而全局总线提供一般的平台接口和适配器管理功能,支持阶段间工具之间的交互。

平台功能模块实现数据管理、项目管理、用户管理、数据转换、用户界面等工具集成所需的基础服务,这些服务称为平台服务。功能层各工具适配器的运行依赖于平台服务。这些平台功能模块包括数据库管理模块、项目管理模块、用户界面模块、数据转换支持模块和用户管理模块。数据存储模块对数据存储库进行维护,并提供数据管理服务;项目管理模块以项目为单位对数据存储库中的数据进行管理,并提供项目管理服务;用户界面模块提供集成环境主界面,并提供界面编程库,利用界面编程库可在集成环境主界面上定制、新增各种界面元素;数据转换支持模块提供数据转换的工作机制,可按照数据转换脚本进行特定数据格式之间的数据转换,提供数据转换服务;用户管理模块维护用户及用户权限信息,并提供用户管理服务。

集成环境最下层是数据层,提供了集中的数据存储库,将技术体系文件、工具的输入输出数据、可信度量与评估结果、过程驱动数据、环境配置信息等进行集中存储,为集成环境提供集中的数据源、统一的数据存取方式和数据同步机制。

5.3.2　集成环境的实现技术

1. 多层总线技术

集成环境采用了多层总线的设计,底层的总线为插件集成提供基本的动态加载、数据访问支持,上层的总线则针对特定类型的插件提供相应的数据类型支持和运行控制支持。这一体系结构,既能够保障工具集成系统的可扩展性,又简化了系统实现的难度,有效地解决了各类软件工具的集成问题。

集成环境多层总线结构解决的问题是:克服现有技术的不足,提供一种可扩展的、适用于对功能不同、操作方式不同、所使用的不同的工具进行集成的多层总线结构,以全局总线作为基础,支持工具的扩展和总线的扩展,利用不同层次的局部总线实现对不同类型工具的高效集成。

图 5 - 6 给出了多层总线结构，多层总线是一种新型的软件总线，由若干处于不同层次的总线组成，这些总线按照树的结构组织在一起。该树有且仅有一个树干，存在于树的最底层，称为全局总线，树干上的各级树枝称为局部总线，树枝上的树叶称为插件。每一条局部总线针对该树枝上的插件集成和互操作提供支持，以提高插件集成和互操作的效率。树枝的子树枝称为该局部总线的"子总线"，树枝的父树枝称为该局部总线的"父总线"，每个局部总线可以有若干"子总线"，但有且仅有一个"父总线"，"子总线"支持的插件集合是其"父总线"支持的插件的子集。

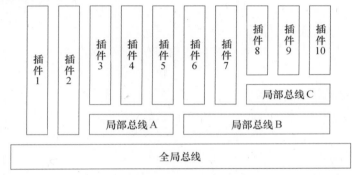

图 5 - 6　多层总线结构

插件是集成环境中被集成的软件。一个插件提供一个或多个服务，作为供其他总线或插件调用的基本单位。各插件都连接在多层总线上，通过多层总线进行插件间的数据传递和功能调用，并获得集成环境提供的服务。

而插件与多层总线的连接实际上是插件与多层总线中的某一个总线的连接，该总线称为插件的"直连总线"；反之，称插件是其直连总线的"直连插件"。插件间接连接到一个总线上是指，该插件的直连总线是该总线的子总线。一般来说，插件应连接在与其类型匹配的最上层总线上，从而充分利用多层总线提供的针对性的支持。那些无任何局部总线支持的插件，可直接连接在全局总线上。

插件与其直连总线之间可以直接进行数据传递和功能调用，并通过其直连总线与其他总线、插件进行间接的数据传递和功能调用。

由于全局总线只能以基本数据类型和基本操作作为参数，实现插件间的互操作，插件需要进行一对一的数据解析，因此操作效率较低。而局部总线可以根据工具的输入、输出类型定义更丰富的数据类型，并直接按照这些数据类型进行调用参数的传递，因此在数据传递的效率更高。此外，局部总线可定义更丰富的插件功能调用方式，便于实现插件间更紧密的集成。

集成环境提出的多层总线结构实现了总线协议的可扩展性，能够通过增加新的局部总线,对总线协议进行扩展,以针对新类型工具进行更加高效、紧密的集成。

2. 数据管理技术

集成环境中的数据管理机制采用了一种本地工作区与远程数据服务器结合的高效软件数据管理方法,该方法采用本地存储与远程服务器存储相结合、关系型数据库与版本管理系统相结合的数据管理方法,可用于高可信软件协同开发环境的数据存储与管理。

集成环境中的数据管理机制解决了高可信软件协同开发环境中的数据存储与管理问题,实现软件数据共享、数据访问权限管理、数据状态与数据版本管理等要求,同时克服网络存储的访问速度慢的问题,满足软件开发工具对数据访问的性能需求。为达到上述目的,实现的具体结构如下。

如图5-7所示,数据管理系统包括数据存储库和本地工作区两个部分。

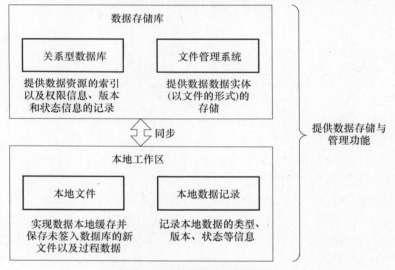

图5-7　数据管理系统结构

数据存储库部署于远程(相对于数据管理终端用户所使用的计算机),基于关系型数据库和版本管理系统建立,并对关系型数据库和版本管理系统的数据访问操作进行封装,便于客户端调用。

其中,关系型数据库可利用 SQL Server、MySQL 等商业或开源的数据库服务器系统建立;版本管理系统是指以文件形式存储和管理数据的系统,可基于SVN、CVS、GIT 等开源文件版本管理系统建立。

版本管理系统存储各项软件数据文件的原始数据文件;关系型数据库对软件数据文件的信息、状态、用户权限、数据文件之间的关联等信息进行存储和管理,一些适于存入关系型数据库的软件数据也在其中存储(如需求项、测试用

166

例、需求覆盖表等)。

数据存储库中的数据按照项目进行组织,每个项目下包含若干数据项,数据项包含子数据项或文件和文件夹。

数据存储库提供数据访问接口,对关系型数据库和版本管理系统提供的数据访问接口进行封装,对用户所需的软件数据进行组织和封装,便于客户端调用和访问,同时实现对访问权限的控制。

在终端用户所使用的计算机本地硬盘上建立本地工作区,存储用户当前使用的数据。本地工作区是用户在本地硬盘指定的文件夹,通过该文件夹下的特定文件记录该文件夹内所有子文件夹和文件的类型和状态,以及与远程数据存储库数据的对应关系。

集成环境中所提出的数据管理方法,具有以下特点:

(1)通过数据存储库实现了软件数据的多用户共享。

(2)通过本地工作区实现软件数据的本地缓存,提高了对数据访问和操作的速度。

(3)实现了数据访问权限控制。

(4)实现了数据状态与版本的管理。

(5)提供了共享数据更动通知机制,解决了多用户使用的数据状态不一致的问题。

5.3.3 设计实现

下面以一套航天嵌入式软件可信性可信保障集成环境 SpaceIDep 为例对集成环境的设计实现进行说明。SpaceIDep 是面向航天嵌入式软件可信保障的一套集成环境,该环境依据航天嵌入式软件研制的现状,实现了对相关可信保障工具和技术体系的集成。SpaceIDep 以 Windows 操作系统作为基础运行平台,在Visual Studio 2010 下用 C#语言基于 . NET Framework 2. 0 实现。

SpaceIDep 按照前面介绍的体系架构,采用了分层加总线的结构构建,并按照富客户端/服务器的方式进行部署。

在服务器端,采用了 VisualSVN 服务器与 SQLServer 服务器结合的方式实现了数据存储库软件。SVN 服务器具有独立的用户管理机制,采用用户名映射的方式来实现本数据管理系统用户与 SVN 用户之间的统一,具体地,将预先在SVN 服务器上建立大量预设用户(如 user0001 ~ user1000),设置并保存好每个用户的用户名和密码。在数据管理系统中添加用户时,将自动为新用户分配SVN 用户,该用户对 SVN 数据的访问将通过所分配的 SVN 用户进行。数据存储库软件作为服务器程序运行于服务器端,该软件实现以下功能:

（1）封装对 SQL Server 和 SVN 服务器的数据访问操作，向客户端提供访问数据存储库的统一接口，用以查询、下载、上传、删除、修改、新增各类数据。

（2）提供网络服务，接收对数据存储库进行数据访问的网络请求并进行处理和响应。

（3）封锁 SQL Server、SVN 服务器的网络访问端口，确保数据存储库中数据的安全性。

在适配器集成的实现上，由于系统是基于 .Net 开发的，要求其适配器必须以 .Net 类库 Dll 的形式存在，利用 .Net 提供的反射机制，实现对适配器的动态加载。当 SpaceIDep 启动时，会自动扫描插件目录，查找其中的适配器定义 XML 文件，进行适配器的注册。为提高运行效率，采用了懒加载机制，当用户调用到一个适配器的功能时，环境才会根据适配器注册表的信息对其进行加载，而之前并不会读取适配器的 DLL 文件和其他资源文件，从而大大降低了内存占用和环境启动时间。

集成环境界面如图 5 - 8 所示。

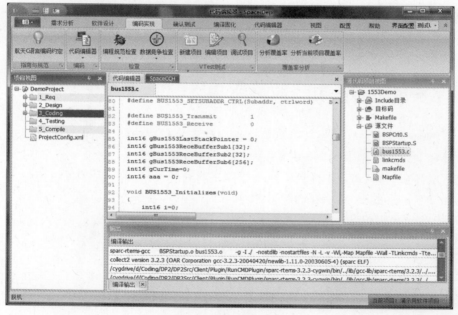

图 5 - 8   集成环境界面

界面上方是一个 Ribbon 风格的菜单。不同的用户、不同的角色，不同的项目都有各自不同的应用场景及应用要求，需要定义各自不同的 Ribbon 界面，基于此 SpaceIDep 集成环境需要提供 Ribbon 页及 Ribbon 按钮的定制功能。在集成环境中可以通过 XML 配置文件定义 Ribbon 菜单内容,在集成环境中可以定义多个 Ribbon 配置,用户在环境运行过程中可切换到不同的界面配置。界面左边提供了项目资源视图,该视图将当前打开的软件项目所包含的各类文件按照树状结构进行了展示,便于调用。此外,还提供了按照类型进行筛选和搜索的功能。界面中部是客户区,用于显示各适配器的界面以及视图。界面下方是一个输出视图,用于显示各适配器的输出信息或警告/错误信息。界面提供了自定义布局功能,用户可按照自身的需求进行各视图的调整。

5.3.4 工具集成与应用举例

基于集成环境接口规范,为航天可信编程规范检查工具 SpaceCCH、航天嵌入式软件数据冲突检测工具 SpaceDRC、航天嵌入式软件数字仿真测试平台 VTest 三个可信保障工具开发了适配器,实现了对上述工具的集成,形成了一套工具链,如图 5-9 所示。

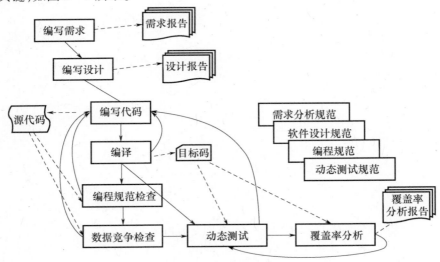

图 5-9 航天嵌入式软件开发工具链

在多个型号软件的研制和第三方测试过程中,基于集成环境应用了所集成的 SpaceCCH、SpaceDRC 以及 VTest 三个工具。对工程师来说,所关注的功能是被集成的各个可信保障工具所提供的功能,以及在集成环境中使用工具所带来的优势。前者由被集成的工具来提供,后者则通过集成环境和适配器来体现。相对于独立使用各项工具,集成环境在工具间数据共享、工具选用、技术文件查看和易用性等方面体现出了工具集成的优势。具体优势包括以下四个方面:

(1) 便于工具间共享软件数据。通过适配器,所有被集成都能够方便地访问资源库,用户在使用工具时,能够方便地查找、浏览和调用所需的软件项目数据(如源代码、检查结果、文档等)及相应的说明信息(版本、生成日期等),减少了人工准备工具输入数据可能带来的错误(如数据版本错误等)。

(2)便于浏览和查看工具。集成环境通过用户界面,将各种工具按照应用阶段、目的组织起来,便于根据需要选用。

(3)便于浏览和查看相关技术文件。一方面,集成环境提供了技术体系文件查看功能,便于用户查找和查看相关的标准、规范和指南;另一方面,用户可方便地在资源库中查找和参考项目的输入文件、输出文件。

(4)提高了部分工具的易用性。部分工具人机交互方式较为复杂,或不符合嵌入式软件工程师的习惯,集成过程中通过适配器对被集成工具的人机交互界面进行了重新包装,提高了工具的易用性。另外,通过适配器可以对不同工具的操作方式进行一定程度的统一(如快捷键等),提高了工程师使用工具的效率。

缩 略 语

A/D	Analog/Digital, 模/数
ANSI	American National Standards Institute, 美国国家标准协会
API	Application Programming Interface, 应用编程接口
AST	Abstract Syntax Tree, 抽象语法树
BDD	Binary Decision Diagram, 二分决策图
BMC	Bounded Model Checking, 限界模型检验技术
CAN	Controller Aera Network, 控制局域网络(一种现场总线)
CFG	Control Flow Graph, 控制流图
CMG	Control Moment Gyro, 控制力矩陀螺
CPU	Central Processing Unit, 中央处理器
CTL	Computation Tree Logic, 计算树逻辑
DARPA	Defense Advanced Research Projects Agency, 美国国防先进研究项目局
DoD	Department of Defense, 美国国防部
EMC	Electro Magnetic Compatibility, 电磁兼容性
ESA	European Space Agency, 欧洲航天局
FAA	Federal Aviation Administration, 美国联邦航空管理局
FIFO	First Input First Output, 先入先出队列
FPGA	Field-Programmable Gate Array, 现场可编程逻辑门阵列
GNC	Guidance, Navigation and Control, 制导、导航与控制
ITL	Interval Temporal Logic, 区间时序逻辑
LTL	Linear Temporal Logic, 线性时序逻辑
LVDS	Low-Voltage Differential Signaling, 低电压差分信号(本书中指采用该信号传输模式的总线(即 LVDS 总线))
NASA	National Aeronautics and Space Administration, 美国国家航空航天局
OBDH	On-Board Data Handler, 星上数据管理系统
PSL	Property Specification Language, 属性描述语言

RAM   Random Access Memory，随机存储器
RISC   Reduced Instruction Set Computer，精简指令计算机
SEU   Single Event Upset，单粒子翻转
WCET   Worst-Case Execution Time，最坏情况执行时间
WTO   Weak Topological Ordering，弱拓扑排序

参考文献

［1］ 杨孟飞,顾斌,郭向英,等. 航天嵌入式软件可信性保障技术及应用研究［J］. 中国科学(技术科学),2015,45(2):198-203.

［2］ 王婧,陈仪香,顾斌. 航天嵌入式软件可信性度量方法及应用研究［J］. 中国科学(技术科学),2015,45(2):221-228.

［3］ 李声涛,陈睿,顾斌. 面向软件源程序的模型检验技术［J］. 空间控制技术与应用,2015,41(2):57-62.

［4］ 王若川,杨孟飞,乔磊. 基于时间自动机的操作系统中断管理建模与验证［J］. 空间控制技术与应用,2014,40(4):52-56.

［5］ 谭彦亮,杨桦,乔磊. 基于 Event-B 的 SpaceOS2 操作系统任务管理需求形式化建模与验证［J］. 空间控制技术与应用,2014,40(4):57-62.

［6］ 段永颢,陈睿. 基于启发式的静态中断数据竞争检测方法［J］. 计算机工程与设计,2013,34(1):140-145.

［7］ Liu J,Chen L,Dong L,et al. A user-centric benchmark suite for C code staticanalyzers［C］. In: Proc. 2nd International Conference on Information Science and Technology,2012: 230-237.

［8］ Dong L,Chen L,Liu J,et al. Precise pointer analysis of programs with lists based on quantitative separation logic［C］. In: Proc. 2nd International Conference on Information Science and Technology,2012:243-249.

［9］ 姜加红,陈立前,王戟. 基于浮点区间幂集抽象域的浮点程序分析［J］. 计算机科学与探索,2013,7(3): 209-217.

［10］ Wang Z,Pu G,Li J,et al. A novel requirement analysis approach for periodic control systems［J］. Frontiers in Computer Science,2013,7(2): 214-235.

［11］ Li J,Pu G,Wang Z,et al. An approach to requirement analysis for periodic control systems［C］. In: Proc. IEEE 35th Software Engineering Workshop,2012.

［12］ Wang Z,Pu G,Li J,et al. A type system for SPARDL［C］. In: Proc. 6th International Symposium on Theoretical Aspects of Software Engineering,2012: 209-216.

［13］ Su T,Pu G,Fang B. Automated coverage-driven test data generation using dynamic symbolic execution ［C］. In: Proc. 8th International Conference on Software Security and Reliability,2014: 98-107.

［14］ Su T,Fu Z,Pu G,et al. Combining symbolic execution and model checking for data flow testing［C］. In: Proc. 37th International Conference on Software Engineering,2015.

［15］ 张西超,郭向英,赵雷. TCG 动态二进制翻译技术研究［J］. 计算机应用与软件,2013,30(11):34-37.

［16］ Wang Z,Li J,Zhao Y,et al. SPARDL: a requirement modeling language for periodic control system［C］. In: Proc. 4th International Symposium on Leveraging Applications,2010: 594-608.

［17］ ParrT. ANTLR［EB/OL］. [2016-05-15]. http://www.antlr.org.

［18］ Wang Z,Pu G,Li J,et al. MDM: A mode diagram modeling framework［J］. Electronic Proceedings in Theoretical Computer Science,2012.

［19］ Giese H,Burmester S. Real-time statechart semantics［R］. TR-RI-03-239,Paderborn: Software Engineering Group,University of Paderborn,2003.

［20］ Henzinger T,Horowitz B,Kirsch C. Giotto: a time-triggered language for embedded programming［C］.

Springer, Berlin, Heidelberg: Embedded Softvare,2001.

[21] Moszkowski B C,Manna Z. Reasoning in interval temporal logic[C]. Springer, Berlin, Heidelberg: workshop on logic of programs, 1983.

[22] Dutertre B. Complete proof systems for first order interval temporal logic[C]. In: Proc. 10th Annual IEEE Symposium on Logic in Computer Science,1995: 36 – 43.

[23] Alur R,Ivancic F,Kim J S,et al. Generating embedded software from hierarchical hybrid models[C]. In: Proc. 2003 ACM SIGPLAN Conference on Language, Compiler, and Tool for Embedded Systems, 2003: 171 – 182.

[24] Nielson F,Nielson H R,Hankin C. Principles of program analysis[M]. New York: Springer – Verlag,1999.

[25] King J C. Symbolic execution and program testing [J]. Communications of the ACM, 1976, 19 (7): 385 – 394.

[26] Wang Z,Yu X,Sun T,et al. Test data generation for derived types in C program[C]. In: Proc. 3rd IEEE International Symposium on Theoretical Aspects of Software Engineering,2009: 155 – 162.

[27] Sun T,Wang Z,Pu G,et al. Towards scalable compositional test generation[C]. In: Proc. 9th International Conference on Quality Software,2009: 353 – 358.

[28] Yu X,Sun S,Pu G,et al. A parallel approach to concolic testing with low – cost synchronization[J]. Electronic Notes in Theoretical Computer Science,2011,274: 83 – 96.

[29] Jackson D. A direct path to dependable software[J]. Communications of the ACM,2009,52(4): 78 – 88.

[30] Hoare C A R. An axiomatic basis for computer programming[J]. Communications of the ACM, 1983, 26 (1):53 – 56.

[31] Lamport L. Proving the correctness of multiprocess programs[J]. IEEE Transactions on Software Engineering,1977,3(2): 125 – 143.

[32] Hohmuth M,Tews H. The VFiasco approach for a verified operating system[C]. In: Proc. 2nd ECOOP Workshop on Programming Languages and Operating Systems,2005.

[33] Rieden T,Tsyban A. CVM – A verified framework for microkernel programmers[C]. In: Proc. 3rd International Workshop on Systems Software Verification,2008: 151 – 168.

[34] Daum M,Schirmer N W,Schmidt M. Implementation correctness of a real – time operating system[C]. In: Proc. 7th International Conference on Software Engineering and Formal Methods,2009: 23 – 32.

[35] Baumann C,Bormer T. Verifying the PikeOS microkernel: first results in the Verisoft XT avionics project [C]. In: Proc. 4th International Workshop on Systems Software Verification,2009: 20 – 22.

[36] Klein G,Elphinstone K,Heiser G,et al. seL4: Formal verification of an OS kernel[C]. Proceedings of the ACM SIGOPS 22nd Symposium on Operating System Principles, Aem,2009.

[37] Hunt G C,Larus J R. Singularity: rethinking the software stack[J]. ACM SIGOPS Operating Systems Review-Systems work at Microsoft Research,2007,41(2): 37 –49.

[38] Dahlweid M,Moskal M,Santen T, et al. VCC: Contract – based modular verification of concurrent C[C]. In: Proc. 31st International Conference on Software Engineering,2009.

[39] Lahiri S K,Qadeer S,Rakamaric Z. Static and precise detection of concurrency errors in systems code using SMT solvers[C]. In: Proc. 21st Computer Aided Verification,2009.

[40] Yang J,Hawblitzel C. Safe to the last instruction: automated verification of a type – safe operating system [C]. In: Proc. 31st ACM SIGPLAN Conference on Programming Language Design and Implementation, 2010: 99 – 110.

[41] Gu L,Vaynberg A,Ford B,et al. CertiKOS: a certified kernel for secure cloud computing[C]. In: Proc. 2nd ACM SIGOPS Asia – Pacific Workshop on Systems,2011.

[42] Carbonneaux Q,Hoffmann J,Ramananandro T, et al. End – to – end verification of stack – space bounds for C programs[C]. In: Proc. 35th ACM SIGPLANConference on Programming Language Design and Implementation,2014: 270 – 281.

[43] Shi J,He J,Zhu H,et al. ORIENTAIS：formal verified OSEK/VDX real－time operating system［C］. In：Proc. 17th International Conference on Engineering of Complex Computer Systems,2012：293－301.

[44] Shi J,Zhu L,Huang Y,et al. Binary code level verification for interrupt safety properties of real－time operating system［C］. In：Proc. 6th International Symposium on Theoretical Aspects of Software Engineering,2012：223－226.

[45] Zou L,Lv J,Wang S,et al. Verifying Chinese train control system under a combined scenario by theorem proving［C］. In：Proc. 5th International Conference on Verified Software：Theories, Tools, Experiments,2013：262－280.

[46] 汪黎,杨学军,王戟,等. 操作系统内核程序函数执行上下文的自动检验［J］. 软件学报,2007,18(4):1056－1067.

[47] 易晓东,王戟,杨学军. 基于 Assume－Guarantee 搜索复用的 C 程序验证方法［J］. 软件学报,2007,18(9):2130－2140.

[48] Dong Y,Ren K,Wang S,et al. Certify once,trustanywhere：modular certification of bytecode programs for certified virtual machine［C］. In：Proc. 7th Asian Symposium on Programming Languages and Systems,2009：275－293.

[49] 石刚,王生原,董渊,等. 同步数据流语言可信编译器的构造［J］. 软件学报,2014,25(2):341－356.

[50] 项森,陈意云,林春晓,等. 动态存储管理安全验证的 Coq 实现［J］. 计算机研究与发展,2007,44(2):361－367.

[51] Lin C,McCreight A,Shao Z,et al. Foundational typed assembly language with certified garbage collection［C］. In：Proc. 1st International Symposium on Theoretical Aspects of Software Engineerin,2007：326－338.

[52] Guo Y,Jiang X,Chen Y,et al. A certified thread library for multithreaded user programs［C］. In：Proc. 1st International Symposium on Theoretical Aspects of Software Engineering,2007：127－136.

[53] Feng X,Ni Z,Shao Z,et al. An open framework for foundational proof－carrying code［C］. In：Proc. 34th ACM SIGPLAN International Workshop on Types in Language Design and Implementation,2007：67－78.

[54] Feng X,Shao Z,Guo Y,et al. Combining domain－specific and foundational logics to verify complete software systems［C］. In：Proc. 2nd International Conference on Verified Software：Theories, Tools, Experiments,2008：54－69.

[55] Feng X,Shao Z,Dong Y,et al. Certifying low－Level programs with hardware interrupts and preemptive threads［C］. In：Proc. 29th ACM SIGPLAN Conference on Programming Language Design and Implementation,2008：170－182.

[56] Appel A W. Verified software toolchain［C］. Proceedings of the 20th European conference on Programming Languages and Systems：Part of the Joint European Conferences on Theory and Practice of Sofware. Springer-Verlag,2011.

[57] Qiao L,Yang M,Gu B. An embedded operating system design for the lunar exploration rover［C］. In：Proc. 5th IEEE International Conference on Secure Software Integration and Reliability Improvement Companion,2011:160－165.

[58] The Coq Development Team. The Coq Proof Assistant［EB/OL］. ［2016－06－20］. https：//coq. inria. fr/.

[59] Leroy X. Formal verification of a realistic compiler［J］. Communications of the ACM,2009,52(7):107－115.

[60] Beringer L,Stewart G,Dockins R,et al. Verified compilation for shared－memory C［C］. In：Proc. 23rd European Symposium on Programming,2014：107－127.

[61] Stewart G,Beringer L,Cuellar S,et al. Compositional Compcert［J］. ACM SIGPLAN Notices,2015,50(1):275－287.

[62] Kang J,Kim Y,Hur C K,et al. Lightweight verification of separate compilation［C］. In：Proc. 43rd Annual ACM SIGPLAN－SIGACT Symposium on Principles of Programming Languages,2016：178－190.

[63] Reynolds J C. Separation logic: a logic for shared mutable data structures[C]. In Proc. 17th Annual IEEE Symposium on Logic in Computer Science,2002: 55 – 74.

[64] Liang H,Feng X,Fu M. Rely – guarantee – based simulation for compositional verification of concurrent program transformations[J]. ACM Transactions on Programming Languages and Systems,2014,36(1): 3.

[65] Liang H,Feng X,Fu M. A rely – guarantee – based simulation for verifying concurrent program transformations[C]. In: Proc. 39th ACM SIGPLAN – SIGACT Symposium on Principles of Programming Languages, 2012: 455 –468.

[66] Hobor A,Appel A W,Nardelli F Z. Oracle semantics for concurrent separation logic[C]. In: Proc. 17th European Symposium on Programming,2008: 353 – 367.

[67] Ferreira R,Feng X,Shao Z. Parameterized memory models and concurrent separation logic [C]. In: Proc. 19th European Symposium on Programming,2010: 267 – 286.

[68] O'Hearn P W. Resources,concurrency,and local reasoning[J]. Theoretical Computer Science,2007,375 (1/2/3): 271 – 307.

[69] Chen Y,Ge L,Hua B,et al. Design of a certifying compiler supporting proof of program safety[C]. In: Proc. 1st International Symposium on Theoretical Aspects of Software Engineering,2007: 117 – 126.

[70] Berdine J,Calcagno C,O'Hearn P W. Smallfoot: modular automatic assertion checking with separation logic [C]. In: Proc. 4th International Symposium on Formal Methods for Components and Objects, 2005: 115 – 137.

[71] Böhme S,Weber T. Fast LCF – style proof reconstruction for Z3[C]. In: Proc. 1st International Conference on Interactive Theorem Proving,2010: 179 – 194.

[72] Stampoulis A,Shao Z. VeriML: typed computation of logical terms inside a language with effects[C]. In: Proc. 15th ACM SIGPLAN International Conference on Functional Programming,2010: 333 – 344.

[73] Leroy X,Blazy S. Formal verification of a C – like memory model and its uses for verifying program transformations[J]. Journal of Automated Reasoning,2008: 41(1):1 – 31.

[74] ZhaoY,Sanan D,Zhang F,et al. Reasoning about information flow security of separation kernels with channel – based communication[C]. In: Proc. 22nd International Conference on Tools and Algorithms for the Construction and Analysis of Systems,2016: 2 – 8.

[75] Klein G,Andronick J,Elphinstone K,et al. Comprehensive formal verification of an OS microkernel[J]. ACM Transactions on Computer Systems,2014,32(1): 2.

[76] Wen S,Abrial J R,Pu G, et al. Formal development of a real – time operating system memory manager[C]. In: Proc. 20th International Conference on Engineering of Complex Computer Systems,2015: 130 – 139.

[77] Asplund F,Biehl M,ElKhoury J,et al. Tool integration beyond Wasserman[C]. In: Proc. 1st Workshop on Integration of Information Systems Engineering Tools,2011: 270 – 281.

[78] Baufreton P,Dupont F,Lesergent T,et al. SAFEAIR – advanced design tools for aircraft system and airborne software[C]. In Proc. 14th International Conference on Dependable Systems and Networks,2001.

[79] 谭维炽,胡金刚. 航天器系统工程[M]. 北京: 中国科学技术出版社,2009.

[80] Wasserman A I. Tool integration in software engineering environments[C]. In: Proc. Software Engineering Environments: International Workshop on Environments. Lecture Notes in Computer Science, 1989,467: 137 – 149.

内 容 简 介

本书主要介绍航天嵌入式控制软件可信保障技术体系及其关键技术。首先从近年来的实际案例提炼出影响航天嵌入式软件可信性的十大可信问题,针对这些关键可信问题,从问题、阶段、方法、工具和度量五个维度进行研究,形成了具有五维体系结构的可信性保障技术体系;然后,重点论述了需求建模与验证、程序实现正确性保障、嵌入式软件形式化验证等关键问题的解决方案;最后依据可信保障技术体系的需求,介绍了构建嵌入式软件可信保障集成环境的集成方法、体系架构和关键技术。

本书针对嵌入式软件研制中的实际问题给出系统的解决方案,实用性强,对于在航天行业以及航空、兵器、汽车、核电等行业从事嵌入式软件研制的工程技术人员和系统总体设计人员,具有很好的参考价值。

A technology system for the dependability assurance of aerospace control software systems and related key techniques are introduced in this book. First, ten key dependable issues that affect the dependability of aerospace embedded software systems are identified from real-world projects. By analyzing the related software defects, development phases, dependability assurance methods, dependability assurance tools and dependability assessment of each of these dependable issues, a technology system with a five-dimension structure are built. Then, the solution of five dependability problems, i. e. , requirement modeling and verification, the assurance of the correctness of program implementation, and the formal verification of embedded software system, are further studied. To meet the requirements of dependability assurance according to the technical architecture, the structure design and the key techniuqes of building an integrated dependability assurance environment are introduced. This book introduces systemetic and practical solutions to real-world problems in building embedded systems, which is a valuable reference book for the software engineer and system designer in differenct industrial area such as aerospace, aviation, ordnance, vehical and nuclear.